辛西亞・強森——著

楊璧謙——譯

數位形象力

平台就是你的資本和機會，經營個人品牌不能不知的技術與藝術

Platform

The Art and Science of Personal Branding

Cynthia Johnson

各界推薦

含金量太高的一本書！不只給你大方向，連執行的細節都完整呈現。我們活在一個最棒的年代，相較於以往，建立品牌可能需要大量的資金、工具、人脈，現在任何人都可以用極低的成本快速建立個人品牌與數位資產。打造個人品牌是我過去幾年來做過最有價值的一件事，如果你也想利用個人品牌，將生活、事業帶到下一個層級，本書會是你最好的指導手冊！

——Ryan Wu吳冠宏／社群行銷專家

這個世界是動態的，萬事萬物都在前進，你若站著不動就等於後退，當每個人都在社群媒體上放送自己的個人品牌，你若不懂得如何經營自己，那你的人生等同在倒退。個人品牌是你此生唯一值得梭哈的事情，不是你想不想的問題，而是處在現今社會必要的求生心態，如果你對發展個人品牌有一點點的質疑，看完這本書後，你一定會馬上開始行動，往最好版本的自己前進。

——**于為暢／個人品牌事業教練**

你覺得你在別人眼中是什麼樣子？社群媒體發達的年代，人們大多從網路搜尋來認識一個人，因此過去在網路上的所做所為，將會變成給人的第一印象。如果你不想被別人草率的定義，經營個人品牌就是重要且緊急的事情；如果被貼標籤是在所難免，何不為自己設計個喜歡的標籤？只要實踐書中的心法和技法，相信你也能建立很棒的個人品牌！

——**林長揚／簡報教練、懶人包設計師**

現在是網路的年代，多數人都透過網路尋找自己想解決的問題的答案，卻只有低於一成的人「持續分享內容」，在網路上解決多數人的問題。我很鼓勵大家透過自媒體持續經營內容，也很認同作者提到「不助長網路資訊壟斷機制」的觀點。這是一本強化升級自己的個人品牌的實用書，我覺得是今年的經典實作書之一，非常推薦！

——**梅塔／《自媒體百萬獲利法則》作者**

社群時代，每一個人最好的履歷表、最有價值的投資就是打造「個人品牌」！假如你沒有個人品牌，你所失去的會比想像的更多。個人品牌早已不限於少數網紅、明星、藝人專屬的權利，個人品牌的影響力、主導權，已在無處不連網的當下，釋放到各領域了。本書就是「打造你個人品牌」的最佳指導手冊，別再猶豫了，看完書就展開行動吧！

——**許景泰／SmartM世紀智庫 執行長**

>> 目錄

前言
幾句實話

大家開始經營平台時，都得找出個重點。就像蓋房子要先打好地基，介紹自己之前，也要先打理好基本素材，才能打動人心。首先，我們應該好好掌握自己知道的資訊，再想想自己願意分享哪些事情，還有要分享的對象。各種平台蓬勃發展，閱聽人數不斷擴張，每個人也逐漸習慣自己的定位，那麼，現在就可以來好好打基礎了。

建立好平台，開始吸引客人上門時，等於得到許多新機會，或許多得令人眼花撩亂，反而不知下一步該往哪走。你會碰到很多人想請你發文傳遞和自己形象不符的訊息，或是針對一些可能不曾涉獵的主題進行訪談，也可能請你就某件你沒什麼興趣的事發揮影響力或當代言人。這些事情可能令你心生厭煩，導致「平台倦怠」。假若建立品牌之後，缺乏良好規劃或目的，便容易走上岔路，違背初衷，不論觀眾或你自己都很容易感到疲乏。

在開始經營線上的追蹤人數和影響力後不久，我便發現自己能受邀在眾多觀眾面前發言，針對不同主題進行演講——這當然並非因為我是這些領域的專家，而是因為我擅長從獨特的觀點切入，有效傳遞訊息。我就像是傳遞訊息的工具一般，因此我到底說了什麼反而不重要，這是最讓人挫折的部分。「我」之所以能發揮影響，不在於傳達什麼訊息或重點，而是我的受眾觸及率（audience reach）。我還曾接受全美放送、現場直播的電視訪談，討論人工智慧、政府法規管制、國際事務、女性權利，以及二〇一六年美國總統大選等議題。

一開始很有趣，反正我在這些領域都有經驗，足以讓我侃侃而談。不過，等我開始發覺其他人真的會照著我說的去做，問題便浮現了：他們這麼認真看待我說的話，反而讓我覺得自己很虛偽。我所發表的看法，只不過是我個人的意見——我很清楚，這些話不該被奉為真理。

二〇一六年，我觀察美國大選和選後大眾的反應，看見很多人都一心想證明自己的意見是對的，而不是先確認眼前所知的是否為事實。理解這點後，我學會自問：誰是真正懂這些的專家？專家又在哪裡？

我之所以寫作本書，目的在於鼓勵真正的專家、各領域的達人能開始為個人平台奠定基礎。這不只是為了自己，也是為了全世界，請好好學習如何傳遞訊息。有太多人和太多來源會散布各種「雜音」，大量資訊使得社會大眾疲乏，無心關注真正的專家意見和重要議題。可是我們應該聽這些真正了解問題、對議題有通盤理解的人會說什麼。這本書正是要告訴你如何介紹自己並展現專業知識、建立名聲與影響力。有了自己可以立足的「平台」，讓別人有機會聽見你的聲音，你就能自己發聲，從而改變世界。

那麼，我又憑什麼能以專家自居，來寫這本書呢？

請先容我自我介紹一番：我是辛西亞．強森，或者你認識的是@CynthiaLIVE。我在推特上有一百七十萬人追蹤，而且在「藍勾勾」只有公眾人物才能申請的時候，我就已經得到推特和Instagram的藍勾勾驗證了。網路新聞媒體「馬沙布爾」（Mashable）說我的SnapChat帳號（@CyninLA）是該社群重要性名列第三的行銷專家，《創業家》雜誌把我列入五大個人品牌專家，《Inc.》雜誌則表示，在轉換行銷預算與提供資訊主管新知等方面，我名列十二位最具影響力的人士。根據《廣告周刊》的說法，本人堪稱創業投資者應該追蹤的頂尖行銷專家。

基本上，我很厲害，什麼都在行（你可以插入一個#主題標籤）。當然這只是開玩笑啦，我才不可能什麼都會，對「專家」這個詞也沒什麼執著，不過我在數位行銷與個人品牌方面的專業能力，還算是廣受認可。

後面會讀到我的故事，你就會開始明白中間的過程——和心態——有多重要。的確，我很努力，慢慢累積名聲，每走一步都冒著很大的風險，但很多人也是這樣做，卻從來沒獲得分量足夠的認可，也沒得到新的機會。我之所以能建立起一番事業，是因為我在對的時間走到了對的位置，有幸得到高人傾囊相授，再加上我自身的進步動力。不論你如何解讀，我之所以能開展事業，一步步走向成功，都得歸功於最初那個舉足輕重的決定：建立個人品牌。

打造個人品牌讓我成了幾家大型媒體的撰稿人，也有機會出席不同活動和會議，發表演說，比如全球創投高峰會（Global Ventures Summit）、阿里巴巴金牛獎頒獎典禮、美通社主辦的研討會等等，族繁不及備載。我也名列執行顧問委員會（Executive Advisory Board），以及《財星》雜誌（Fortune）千大執行長的導師群——這個導師群只有二十人，包含在知名公司任職的多位企業執行長。

偶爾，我會擔任顧問，前往世界各地給別人建議。你聽過「世界行銷會議」（World Marketing Congress）或世界政府高峰會（World Government Summit）嗎？

我以前也沒聽過，但後來我受邀飛往杜拜、中國、葡萄牙、峇里島、印度、土耳其和以色列等地，和各國政府領導人、當地專家與慈善家見面會談，才接觸到這些組織。

總計所有社群媒體上的追蹤人數，我大約已經累積了三百萬的追蹤者。我曾在美國二十五州與其他十七個國家、將近七十五個不同產業的活動中，針對不同主題進行演講，而且一切只在三年內就辦到。有好幾家大型媒體和知名部落格都曾介紹我，列為封面人物。在矽谷和洛杉磯，有些大型新創企業和創業投資者都喜歡找我諮詢行銷和品牌問題，我也有本事靠自己的品牌賺錢，不必信口開河來騙吃騙喝。

我從社群媒體管理人與學生起步，逐漸在社群媒體上成為有影響力的人，還當上企業家、行銷領域的意見領袖、執行長顧問，也致力推動女性賦權（譯註：empowerment，即爭取女性參政權、平等就業與發展機會等權益，以及自教育與文化等方面提倡平等觀念，係基於兩性平等議題而提出）。乍看之下，我得到的機會都很特別，你可能會想：她一定是很特別的人，或者特別走運。可是這一切都不是憑空得來，我是從無到有建立我的個人品牌、確立目標並加以維護，才能達成品牌的願景。所有轉變和成長都在短短幾年內發生，必須集中心力，大量投入，可是既然我辦得到，你一定也行。

請跟我念一遍：**每個人都可以打造個人品牌，不只限於有資源和有人脈的少數人，大家都可以做**。很多人寫部落格和文章主張個人品牌不重要，也不值得打造，其實這麼做的同時，正是在建立他們自己的品牌——一個避開「個人品牌」一詞所建立的品牌。我重申一次：每個人都可以打造自己的品牌，你當然也能。會不會很難？不會。需要投入大量心力，建立一套工作倫理嗎？需要。這個過程中，你必須花費一半的心力讓自己不斷曝光，並隨時準備萬全，機會出現時，才能從容迎接。

個人品牌本來就存在，無可避免。如果你不好好建立和管理這個品牌，身邊的人也會替你塑造，等於讓自己的未來落入別人操控，這是很冒險的。假若你想在事業上更成功，絕不能允許別人替你打造個人品牌，那樣做完全沒意義。我們做的每一件事、建立關係的每一個對象、效力的每一家企業，都會影響外界對我們的觀感。為了建立和維護自身聲譽，就得發展個人品牌，並且好好經營。

這不只是開創個人事業的必備條件，在人工智慧逐步發展之際，每個人都會發覺自己在線上曝光的方式，是個人品牌最容易接觸大眾的途徑，也會以不同型態派上用場，廣泛影響生活各個層面——不論是評估貸款風險，或申請入學的資格審查，都無法排除個人形象的影響。

別人不只會讀你發布的貼文內容，也會累積出一套印象，而觀眾的「印象」就是他們認知的「事實」。如果能改變別人對你的印象，就能打造出新的「事實」。

到底要如何發展和管理自己的品牌呢？首先，必須擬定策略。學習品牌代理商對企業客戶展現的嚴謹和盡責，用這樣的態度經營個人品牌。除了品牌訊息，你也得進行稽核、設立有目標的行動計畫、制定成長策略，並了解自己「已進入」和「想進入」的位置。

你的目標是定義和展現你的身分，並且要能確實呈現迄今的成就，將自己描述成理想中的自己（當然不必一夜就達成理想）。個人品牌應該替你帶來機會，而非害你錯過機會。讓個人品牌當你的代言人，如果能展現正面形象，那麼和別人對話時，保持低調即可。個人品牌訊息以清楚易懂為佳，就算不和本人打照面，也能藉由品牌影響並主導別人對你的看法。

來看看歷史上最知名且廣受研究的個人品牌吧：比如說洛克斐勒家族（近來

較低調，但仍然很有影響力）、川普、金卡達夏、歐普拉、瑪莎・史都華、蓋瑞・范納洽（Gary Vaynerchuk）、馬克・庫班（Mark Cuban）等。大家都很熟悉這些名人，他們也三不五時經歷公眾的檢視，不得不把自己攤在陽光下。我們也都曾見識這些名人的能耐，見證他們快速締造出某些難以想像的事蹟，比如金卡達夏，最初只是個性愛影片外洩的受害者，卻迅速躍升為《時代》雜誌「二〇一五年百大具影響力人士」，川普則從商人轉型為實境節目明星，還一路登上美國總統寶座。

建立個人品牌有四大要素：個人能力證明（personal proof）、社會認同（social proof）、獲獎事蹟（recognition）與人際關係（association），這些都有利於支持個人品牌發展。不過，如果缺乏明確的方向、規劃和目標，半個重要目標都不可能達成。在本書中，我會提供傳授一些方法，教你如何加速個人品牌發展、持續進行品牌管理、促進成長與擬訂軸轉策略（譯註：pivot strategy，常用於企業發展面臨瓶頸時的轉向。相較於轉型，更強調掌握核心能力，據以調整策略及修正方向），並教你如何將品牌價值轉化為利潤。

你也會學到如何透過品牌來達成目標，創造事業新高峰，同時一切又充滿樂趣。你會漸漸明白什麼叫打造品牌，並走出自己的路，邁向成功。請務必先理解一點：當前所認識的一切，都可能是錯的——這個想法有助於提升自信，勇於挑戰現況，並做好萬全準備，好在業界一鳴驚人，開創亮麗人生。

繼續往下閱讀本書時，也請記得：個人品牌已不是新觀念，在多數人渾然不知有「個人品牌」這種工具時，少數權貴老早欣然接受，善加利用。如今，人人都需要打造個人品牌，而我不僅建立自己的品牌，也幫助別人建立他們的品牌。在這過程中，我發現，自行確立公共形象有個極大的好處，**若能確定自己要走的方向，就能迅速走上有影響力的位置**。方式也很簡單，只要好好管理自己所打造的這個世界，以及周邊的一切要素，就能實現理想。打造品牌需要技巧、創意、靈感，以及利用科學方法，實事求是——真正動手做了之後，會發現比想像中還簡單得多。

1

個人品牌案例研究

很多人以負面態度看待個人品牌，或認為這麼做很自私自利。常見的迷思是以為個人品牌就是建立品牌、包裝和推銷，但事實並非這麼一回事。個人品牌是自覺與自保——我把這想像成一種信用。你這個人當然和你的信用評分是兩回事，但凡想購屋，信用評分就會大大影響你能否申請到貸款，以及支付的利息高低。信用評分只有需要爭取特定事物的核准時，才會派上用場。

如同信用，唯有在某人要決定是否核可你參與某事時，才需要討論個人品牌（比如求職、審查參與活動的資格等等）。就像信用評分低落會遭遇到的問題，沒有個人品牌和品牌形象惡劣的後果，都相當不堪設想，兩者的區別是：你知道什麼時候會有人需要確認你的信用評分，也預料得到他們想看到什麼，又會看到什麼。至於個人品牌，大多數人渾然不知別人可能正在上網搜尋自己的資料、不知道別人想看到什麼，也不知道別人會找到些什麼。一般來說，我們只注意到自己的信用評分，卻不太關心自己的名聲。

請像提升信用評分一樣，努力改善個人品牌形象。其實，個人品牌不只是推銷自己的工具，也是一種平台，可以讓你站立其上，俯瞰世上的萬事萬物。你必須了解這個世界怎麼看待你，好比銀行和房東審查信用評分時，也得弄清楚他們會看見哪些資訊。

- 請確認你的信用評分報告內容精確，而且放在網路上的資訊也正確無誤。
- 一旦發現信用報告有瑕疵，請仔細斟酌，找出需要改進的地方，個人品牌的部分也可如法炮製。你的借貸狀況如何？是舉債太多，或者信用紀錄寥寥無幾？你是否對某事經驗豐富，對其他領域卻一無所知？這對你追求往後的生涯目標有何影響？
- 訂定計畫來改善信用額度，也提出改善個人品牌的方案。
- 信用部分維持有力的信用年資，個人品牌則以經驗來累積基礎。
- 把累積信用設想成開口求助，把債務想像成你欠的人情，因此你當然不想太常向別人開口，也會希望還清所有人情。
- 既然你不會想憑著差強人意的信用評分去申請信用卡，那也別為了鞏固品牌而隨意向別人伸手，除非別人也欠你人情。
- 為信用評分設立警示，一有狀況就提醒自己，個人品牌部分也要這樣管理。

每個人都需要經營個人品牌，就算不刻意經營，也一樣有個品牌，就像不舉債不刷卡，也同樣會有信用評分。如今是數位時代，人人都需要注意自己的個人品牌形象，再也沒有選擇可言，你就是有一個——你只能決定要如何管理自家品牌。

建議別人之前，先說說自己的故事

品牌都希望展現更多人性，何以如此？因為品牌希望連結更多人，品牌想方設法爭取發聲權，就是因為品牌本身無法發言，人卻可以。人就是最自然存在的品牌，我們總會和其他人來往，有自己的聲音，也正是品牌極力希望成為的模樣，也力求建立關聯的對象。品牌會主動行銷自己，因此總獲得許多認同，但這可不是所有人都辦得到的。人會避免變成品牌，品牌卻處處擬人。

接下來，就讓我來概述一下品牌發展史吧。

西元五〇〇〇至一〇〇〇年間：英文中的「品牌」（brand）一詞起源為古老的斯堪地那維亞語，意為「燃燒」，本指商家將自家的標誌（招牌）烙印到產品上。

西元一五〇〇年：十六世紀以前，「品牌」（brand）一詞指的是將標記燙印到牲口和家畜身上，藉以標示所有權，也方便在牲口走丟或遭竊時辨別失主。每位畜牧主都會發展出一套獨特的標誌（logo）方式，即使自家牲口混進一群同類，也能一眼認出。

一八二〇年代：在這段時期，全世界的商品產量和貨運量都大幅成長，而貨物數量越多，越難辨識出不同批的貨品。因此，製造商會將自家標誌壓印到木條箱上，好在產品運送時能與競爭對手的貨物區別。

一八七〇年代：商號可以依法登記自家的商標，以免其他公司使用類似的商標和標誌混淆消費者，讓他們無從分辨不同業者的產品。

一九〇〇年代早期：品牌價值越顯珍貴，品牌漸漸與思想及情感產生關聯，當時的人也開始對品牌有一些看法，會去購買他們認同的品牌。廣告也展現出建立品牌的好處。

一九八〇年代：商業競爭越趨激烈，商品通路拓展到世界各地，品牌認知（brand recognition）成為企業最看重的焦點。企業不只建立品牌，也開始打造文化。我們可以見到廣告商搖身一變，成為品牌顧問，企業同樣開始直接找政治團體、非營利組織和名人合作，藉以拉抬品牌聲勢。

一九九〇年代晚期至二〇〇〇年：社群媒體崛起，改變了品牌與消費者互動的方式。現在，經營品牌要和品牌直接互動、檢視品牌本身、維持公信力，也要尋求和一種新崛起的名人合作——也就是網路紅人，所謂的「網紅」。

從前，品牌是公司行號清楚標示自家產品的工具，直截了當，一望即知，之後逐漸演進，如今即便非關商業，人也會用品牌與標誌來宣示自己的身分、展現個性，以及自我期許。不過，有一點很諷刺，儘管品牌和標誌本是為區別相似事物而誕生，現在卻用來將兩種看似各有特色的事物連結在一起。

品牌可建立人與人之間的連結，也能連結到特定生活方式。我們會透過社群媒體找別人交談、按讚、分享貼文，也充作表達自我的工具——每分享一次，就等於為個人品牌背書。我們躲在品牌背後，讓品牌替自己說故事。雖然身上沒有烙印任何公司標誌，不論走到哪，卻免不了帶著幾個標誌。每次購買某個品牌的產品，就是表達對該品牌的支持，支持他們背後的思維和行為，不論有意無意，都是一種認同。

你還是不信？那就花一點時間，從以下清單挑選你所偏好的牌子：

Mac還是PC？
漫威還是DC？
可口可樂還是百事可樂？
Nike還是Converse？
Costco還是JASONS？
Uber還是Lyft？
爛番茄還是IMDb.com？

我敢打包票，大部分的問題你一眨眼就選好了。這樣測可信嗎？以上每題都有兩家公司，提供相同的服務或產品，但我們總能在剎那之間選出心頭好——Mac和PC都賣電腦，爛番茄和IMDb雙雙都是影評網站，既然都賣一樣的東西，為什麼我們還能立刻抉擇偏好？

因為我們都喜歡尋找歸屬感，還要讓全世界知道我們的位置。選擇某種電腦，表示自己是獨立自主的科技行家，或者就是想展現時髦。我們選擇不同款式的鞋子，讓別人看出自己是運動健將或是追星鐵粉。我們會對閱讀評論的地方精挑細選，因為希望找到值得信賴的評論者，他們當然要和我們是同類啦，不然怎麼信得過他們的意見？所以，我們會找出認同的網站，標準是網站會和我們理想中的模範人物對談，也會聚集我們想來往的人。

許多人會走進Costco買東西，也的確是因為JASONS賣得比較貴，這想法很實際。不過，去Costco的人，卻也可能會買iPhone而棄Android。假如售價真的是舉足輕重的因素，則很難解釋現實中為何會處處出現這樣的矛盾。

幾年前，大眾抵制某家專賣雞肉三明治的連鎖速食餐廳，因為該公司的執行長發表反同性戀言論，然而，認同歧視言論的消費者也決定以消費行動來支持。社群媒體上出現大批秀出自己到該餐廳用餐的貼文——其中許多照片就是用iPhone拍下的，但蘋果執行長庫克正是早已出櫃的同性戀。

理論上，大家不可能一邊響應執行長公開反同志的品牌，同時又支持有著同志執行長的另一個品牌……這根本說不通，可是現實卻果真如此。

為什麼製造矛盾與亂象是品牌必經之路？

人會因別人選擇的品牌來評斷對方，品牌也和人一樣，任由人的目光評判，以他們所見最好與最壞的事蹟下定論。很多人即便對同性戀毫無認同，也能沒事似的繼續用iPhone，因為和享受蘋果產品的便利相比，蘋果公司雇用同志根本沒什麼大不了，既然利大於弊，不妨為之。當然，在多數消費者眼中，賈伯斯仍是蘋果的代表性人物，不是庫克。

人之所以自相矛盾，是因為我們會因為觀察到別人特定的行為和特徵（不論正面或負面），而自然而然產生信任。比方說，你是個老菸槍，體態略微發福，決定為健康因素戒菸，也開始健身。然後，你請了一個身材超好的個人教練，對方會在健身之後抽菸，這就會讓你動搖，懷疑抽菸到底有沒有原先想得糟，也可能會考慮換個健身教練。

推廣品牌時，產生矛盾的另一種原因是「假設」與「自然聯想」。舉例來說，假設你年紀輕又對事業有企圖心，旁人便往往將你跟早起、一板一眼或名校畢業等特質聯想在一起。假如事實與想像中有出入，他們甚至可能會惱羞成怒，反過來攻擊你。不過就算如此，也可能反而吸引另一些人，認為你很獨特而願意多加關注，成為對你更有共鳴的觀眾。

我們也可以換個方式想：如果沒上過大學，一個人有資格在常春藤盟校的畢業典禮發表演說嗎？答案是：只要講者本身的「成就」夠分量，對台下學生來說大概還比學位更可貴。成就夠高，足以應付當下情況，任何事都有可能發生。這也是為什麼互相矛盾的想法、產品與人之所以能共存的原因。要是你期許自己哪天能受邀到哈佛大學的畢業典禮演講，可以做以下其中一件事：進哈佛念書，勉力治學，追求超越學位價值的成就，或者勵精圖治，受人認可，證明自己比哈佛出身更受人敬重。

為什麼不是你？

每次聽到有人說「本來就是這樣」，我只聽到一個藉口，這句話不能解釋任何事，沒提出任何有用的方法。抱持這種思維，不肯主動了解未知事物，將停留在一知半解的狀態，漸漸便盲從所謂的「領袖」，對他們全然信任。可是，世上並沒有哪件事「向來如此」，每件事總是先開始，才會進行演變，最後得出一個結果（或者繼續導向另一場演變）。既然萬事萬物都不斷變遷演化，為何我們又該輕易滿足，欣然接受現狀？

從小，我們受的教育都告訴我們要守規矩和聽話。我們學到，人生中有許多既定的規則，我們最重要的目標就是照著前人訂好的規則，照著做好追求「成功」：學會找份好工作、建立家庭、活出像樣的生活，然後不要犯法。大多數人都會乖乖走這條路，在這樣的架構裡面規劃人生藍圖，因為本來就該如此，大家都是這麼做。

如果有人不想守規矩呢？沒錯，他們正是會除舊布新，為後人留下珍貴遺產的一群人，比如太空人阿姆斯壯，願意翻轉常軌，追求與世人所見完全不同的世界。我們總記得這些人的事蹟，正因有他們的嘗試，才能幫助我們挑戰既有規則，驅動我們向前探索，用自己的雙手雙腳去探究未知新世界。開創者不僅獨當一面、實踐思想自由，也因能自由表達，發表言論而欣喜異常。正因他們掙脫外在影響，才能掌握主導權，得到多數人夢想的自由。

科幻電影《駭客任務》中有一幕是男女主角尼歐與崔妮蒂，準備營救同伴脫離反派的掌控。只見崔妮蒂望著尼歐說：「從來沒人做過這種事。」尼歐回答：「所以一定行得通。」我小時候看到這一幕，台詞令我十分動容。我很愛看這部片，一看再看，因為幾乎每一幕都需要劇中人做出選擇。在我心目中，這部片的情節無異於是現實的放大版。

人和品牌有何不同？

人和品牌不一樣，我們不需要別人把我們的名字穿在身上，或印在各種物品上，但我們都需要有人追蹤、建立關係。不論是在線上或線下與人互動，都在告訴別人，我們對他們的一舉一動有興趣，他們也會對我們有興趣，這等於表示雙方有共通點，或者想法相近。在網路上界定出的個人目標和理想越簡明有力，就會有越多人受到吸引，儘管他們不認識你本人，也會樂意訂閱你的個人品牌，保持追蹤。

個人品牌並不是包裝自己、銷售自己，個人品牌是讓別人注意到你在做什麼，讓對的人可以發現你的存在，開始訂閱你的消息，反之亦然。品牌也想展現人性溫暖，希望激起人與人之間自然產生的情感連結。因此，如果你已經有個品牌，能夠經營自己，等於取得先發優勢。從這個角度來看，「個人品牌」這個用詞其實不是很好，「個人自主」才是更準確的說法。雖說如此，大家還是習慣用「個人品牌」來形容經營自己的結果，那麼我們就繼續沿用這個詞吧。

要開始打造個人品牌，就從獨立思考開始，每一次要買東西、做一件事或表現自己，你的選擇都得是因為自己喜歡，而不是認為自己「應該」怎麼選。品牌所傳遞的訊息，需要使用的人來幫他們定義，好為產品建立一套文化，並發揚光大。個人品牌就是大方做自己，大聲說：「這才是我！」只有誠實面對自我，才能挑戰常規、讓他人心生好奇並鼓勵對方，然後扭轉他們的觀點，從而改變其思維。

人和品牌不同，是因為人可以引起其他人的共鳴。要是希望有人聽你說話，必須先釐清別人有什麼理由非得聽你說，並且認清自己的價值主張。隨著時間流逝，你可能會改變想法與立場，但起初總得多認識自己，找出自身優勢。同理，你也必須知道自己適合做哪些事，哪些事又超出能力範圍。經營個人品牌要花些時間，一如所有重要的事都很費工夫一樣。

不妨傾聽自己的直覺與渴望，別想著要把自己改造成什麼「下一個某某人」。有些品牌會極力展現人性化的一面，還會透過追趕流行來證明，但你已經是個有血有肉的人了，所以經營個人品牌時，應該首重「真誠」，別為了符合別人對你的期待，而製造一個虛假的你。

公共關係是宣傳，是傳遞新消息

宣傳（propaganda）的定義是一種非客觀的資訊，主要用途為影響閱聽眾，進一步影響政治議程的安排。活躍於二十世紀的記者、作家與哲學家柏奈斯（Edward Bernays），堪稱宣傳之父——他將「政治宣傳」一詞重新命名，改稱「公共關係」，繞開二戰後「宣傳」一詞本身引起的負面聯想。柏奈斯曾為多位重要人士處理公關問題，如美國前總統柯立芝、寶僑企業（Proctor and Gamble）、美國哥倫比亞廣播公司、奇異企業等，其中又以英美菸草（American Tobacco Company）的案例最廣為人知。

一九二〇年代，柏奈斯為英美菸草服務期間，有次他告訴媒體，女權運動人士會參與紐約市的復活節大遊行，高舉「自由之炬」。柏奈斯很清楚，若讓一些外表動人的女性帶著香菸參加遊行，就能重塑社會對女性吸菸的印象（彼時女人吸菸乃是禁忌），吸引更多女性透過吸菸表達自由意志，並且藉此大幅擴展菸草的市場。

結果，這場遊行沒找真正的女權運動人士代言，媒體只看到一群貌美的模特兒（由柏奈斯代表英美菸草招募），在遊行中點起鴻運牌香菸（譯註：Lucky strike，即英美菸草旗下的一品牌）。媒體當然不知道柏奈斯的小把戲，遂在《紐約時報》頭版刊出一組照片，影中人正是當時那些模特兒，並下標：「年輕女郎吞雲吐霧，點燃自由」。有賴此事件與這則標題的出現，終於打破女性吸菸與公開吸菸的禁忌。

此後，柏奈斯繼續打造許多成功宣傳，撰寫多部著作，並影響其他聲名狼藉的公關專家，比如洛克斐勒家族的公關顧問艾維・李（Ivy Lee），即是一例。

柏奈斯不僅是位公關專家，還是著名心理學家佛洛伊德的外甥，也難怪他會想到將群眾心理學與精神分析兩相結合，創造出一個新概念：公共關係。這概念初登場便勢如破竹，廣受歡迎。你可能已經在好奇，這和個人品牌有什麼關係？關係可大了，說是密不可分都不為過。

柏奈斯不只是接下案子，然後考慮「怎麼把這個賣給客戶？」他也很清楚，要推銷有潛力帶來巨大影響的東西，不論是一個想法或一項產品，都不能只單純傳遞行銷訊息，還必須對買家的想法有通盤了解。你得知道買家對你的商品有何看法、他們的評價如何、他們相信誰說的話，還有他們最關切什麼事。要想提高影響力、獲得成功，並成為眾人眼中的領導人物，首要之務就是明白獨立思考的道理，而非在整個過程中都只想著自己。

想變得有影響力，就必須明白你本人並不重要，重要的是你想影響的那些人，還有能影響他們的訊息，這才是關鍵所在。

舉例來說，沒人管你是不是自認可以成為下一個賈伯斯，就算你真的變成第二個賈伯斯，除非大家都聽說這件事，關注才會來。這就是「第三方公信力」的影響，到了當代，第三方公信力則化身為網紅、意見領袖、執行長、企業，至於媒體的力量更是不容忽視。如果《時代》雜誌刊了一篇文章，宣稱你是「下一個賈伯斯」，那麼所有人都會開始相信這件事，認定你會成為新一代引領革新的人物。

這不是什麼新想法，早在一九〇〇年代初期，柏奈斯就常利用第三人的影響力來達成目的。他在《宣傳》（Propaganda）一書便寫道：「若你能影響領導階層，不論是否有意識地與你合作，你都一併影響他們引領的人群。」因此，假如像《彭博商業雜誌》這樣的刊物能左右股市投資人的想法，那麼你就不需要追著每個投資人，只要影響《彭博》對你的看法，他們就會跟著肯定你。

經營品牌形象是為了讓品牌顯得更人性，經營個人品牌則是讓人展現更真實的一面。個人品牌是彰顯個人自主、激勵個人成長和表達自己的想法，也就是展現更多「人味」。每個品牌都極力想表現得更有人性溫暖，好爭取到更多人的認同。至於個人品牌，卻無須再強調人性，而是要有策略地拉近與閱聽大眾的距離。為什麼有影響力的人可以向品牌收取高額宣傳費？因為品牌需要他們，自然願意付出代價。大家都想聽聽自己信賴的人有什麼意見，如果要爭取別人的信任，就得建立有效的溝通方式。幸好，在當今世界，不論想開啟對話或展現信任，都有很多資源可以利用。當然，從前並不是這樣，只能口耳相傳、印刷報章雜誌，或收發慢如蝸牛的傳統郵件，全憑這些方法來維護聲譽和個人品牌，而且這些傳播工具還往往掌握在菁英手中，並非人人可得。

洛克斐勒家族：個人品牌先鋒

前面提過的艾維・李，在公關史上也是惡名昭彰的一號人物，大約僅次於柏奈斯，而他也受了柏奈斯不少影響。李曾任洛克斐勒家族與標準石油公司的公關顧問。一九一四年科羅拉多州爆發礦坑抗爭事件——後世稱為勒德洛大屠殺（Ludlow Massacre），小約翰・洛克斐勒（John D. Rockefeller Jr.，標準石油公司的創辦人）便聘用李來代表其家族與標準石油公司，以挽救家族與企業形象。

要了解為何洛克斐勒家需要艾維・李和個人品牌，就得先了解勒德洛大屠殺的來龍去脈。

一八〇〇年代晚期至一九〇〇年代早期，美國各地鐵路網迅速擴展，亟需燃煤，煤炭儼然成了炙手可熱的高價商品。當時科羅拉多境內便有美西最大的煤礦生產中心「科羅拉多燃料與鋼鐵公司」，一九〇二年為約翰・洛克斐勒所收購，後來交由其子小洛克斐勒經營。小洛克斐勒平時居於紐約，透過位在百老匯的辦公室來管理煤礦公司營運事務。

開採煤礦是很危險的工作，但一九一二年雖已有勞動法規，也形同虛設，未曾落實。科羅拉多的礦工也大多不是按工作天數或工時支薪，而是依據開採的煤礦數量計算工資，自然驅使他們慣於忍受危險的工作條件，並超時工作，只為了能掙得一家溫飽。

礦坑業主理應補助礦工各方面的生活費用，這類做法當時便時有所聞，礦工也確實藉此獲得品質更好的醫療照護、居家生活與教育資源。不過，他們的生活卻也近乎遭雇主全面掌控，當時這種情境稱為「公司城」。各個小城鎮都對礦工的生活處處設限，就算下了班，也有很多規矩，不只有宵禁限制活動時間，也不能隨便邀請陌生人來作客，鎮上還有持槍的警衛四處巡邏，確保所有人都乖乖守規矩。可想而知，礦工們因這樣的勞動條件而挫折不已，便決定組織全國性的工會。

工會成立後，要求制定勞動法規、改善勞動條件，並減少工安傷亡。西部礦工聯合工會（Western Federation of Miners）便決定在一九一三年，先從科羅拉多州開始發起罷工。公司的應對之道便是找來以剷除罷工而惡名昭彰的私人傭兵，進行破壞行動，並且支付比原先礦工更低的薪水，請來外地勞工，取代這些罷工中的礦工。

工會曾代表全體礦工，向科羅拉多燃料與鋼鐵公司列出一串要求：

- 公司承認工會談判代表的地位，得代理礦工進行交涉。
- 礦工的支薪標準從產出兩千兩百磅煤礦降到兩千磅。
- 落實每日工時八小時上限。
- 即使礦工工作時未直接挖掘到煤炭，但在開採過程中從旁協助，例如鋪設軌道與切割木材等工作，亦應比照支薪。

» 開放礦工投票，選出負責管理磅秤的檢查員，選出能公正記錄煤炭重量的人，並拔掉不公正的現職檢查員。

» 賦予礦工選擇商店、醫師、教育與住家的權利。

» 落實科羅拉多州州法，如工程安全法規等，並撤走巡邏警衛。

以上要求看來都很合理，對吧？可是煤礦公司拒絕了，遂促使工人發起罷工，結果，只要哪個礦工參與罷工，公司就立刻收回他們的住家，讓他們全家人只能在工會租用的土地上，暫時搭個帳篷遮風避雨。公司還聘來更多傭兵，也雇用私家偵探來保護繼續上工的礦工，不受罷工者騷擾，甚至也派他們去騷擾罷工者。

一九一四年，巡守礦坑的警衛前往工會駐紮營地，要求釋放一名據信遭工會挾持的男子。工會否認警衛指控，於是警衛（包含假扮成警衛的私家偵探）對工會帳篷開槍。經過此地的火車接走一部分家庭，將他們送到安全的地方，但許多人都沒有逃出去，不幸喪生於掃射攻擊中，一時鐵軌沿路便躺了數十具屍體。警衛還對藏有十一名兒童與四名成年女性的帳篷放火，只有兩名女性逃過一劫，其他人全數喪生火海，而工會領袖也中彈身亡，遭棄屍在鐵道旁整整三天，以達殺雞儆猴之效。

業主小約翰・洛克斐勒與其家族因為此事件飽受抨擊。不過，在公關顧問艾維・李的指導下，洛克斐勒家族採取了一系列對策，可說是首開先河：李讓洛克斐勒家的人前往科羅拉多，不僅與礦工家庭見面、聆聽他們的意見、舉辦罹難者紀念活動，也勘查礦工勞動與生活的條件。這些行動都是為了塑造洛克斐勒家人性溫暖的形象，好修復已受損的名譽，當然最重要的還是要挽救家族事業。

當時，沒人想到促成大屠殺的加害人竟然會來到事發地點，親自與罹難者遺族面對面交談，此事自然引來媒體熱烈關注。事後，李還極力說服洛克斐勒家建築摩天大樓，並命名為「洛克斐勒中心」。李很清楚，社會大眾對洛克斐勒家的印象「就是有錢」，所以出了事便很容易怪罪他們。可是，如果讓洛克斐勒家族表現出人性的一面，輿論就比較容易產生同情。畢竟，討厭一家公司很簡單，但若感覺對方也是有血有肉的人，便比較難心生厭惡和公開抨擊。

為什麼這招會奏效？因為你的個人品牌不是你自己說了算，而是基於別人對你的評價才得以建立。如果你是個億萬富翁，從不知親民為何物，那麼大家就會認為你是個貪婪的混帳。反過來說，如果你懂得直接和別人交流、靠自己奮鬥成功，並且告訴別人，你相信他們也能和你一樣成功，那麼你就成為可同理的對象——最後搞不好能當上美國總統呢！

投入越多時間與閱聽者互動並表達同理心，他們就會對你留下更好的印象，也願以正面態度看待一切與你有關的事物。

你也可以採取另一種做法。我想大家或許聽過別人分享巧遇名人的故事，他們要不是說「某某名人真的好可愛」，就是說「這人好沒禮貌，真是個自大狂」。之所以形成兩種意見，差別就在溝通，要是這個名人願意停下腳步，和大家打聲招呼，那就很討人喜歡，要是這人只是匆匆路過，不管為了什麼原因（畢竟大家都有不得已的時候），就會被當成沒禮貌的自大鬼。**交流至關重要，不論選擇零交流或者過度交流，都是操之在己。**

在上述事件中，許多人因業主經營不當而死亡，洛克斐勒家族卻只憑著露臉和傾聽的方式釋出善意，便輕鬆贏得這些家屬的心。但在今日，要經營個人品牌，光靠這樣是不夠的，如果能夠培養一群粉絲和受人認可的品牌，就得認真管理一番。

酸民不是真的討厭，只是對你了解不夠

包含媒體在內的許多人，甚至是部分教育界人士，都將個人品牌描繪成自私自利、千禧年才出現的新現象。不對，這不是事實。甚至連一些意見領袖，如臉書執行長與暢銷書《挺身而進》的作者桑德柏格，也出面反對經營個人品牌的觀念。

我很佩服桑德柏格在很多其他議題上發表的看法，我喜歡她的誠懇和聰明，認真工作，為所有男男女女樹立最佳典範。她真心誠意想幫助別人，分享所知，如果想開創像她的一番事業，向她看齊準沒錯。不過，在個人品牌這個議題，我的看法就與她南轅北轍。

品牌不是產品，品牌只是一種象徵，呈現產品背後代表的價值。產品最初是公司行號建立的，用來展示商人希望帶入市場的價值。其次，個人品牌不是把一個人包裝成虛假的版本，而是爭取個人發聲權並展現真實的一面，例如移除標誌、印記、刻板印象和既定印象，藉以重新掌握自己的形象、名譽和思想自由。第三，即便有些事沒有說出口，如同發言的內容、方式、場合和時機，也可能透露資訊，影響聲譽，因此個人品牌絕不只是一種發聲管道。

也難怪桑德柏格會對個人品牌有這樣的看法——她自己大概都沒發覺，她也有個人品牌（不過可說是意外建立起來的），而她維護品牌的成果可謂相當卓越。桑德柏格在二〇〇一年加入Google團隊，又於二〇〇八年進入臉書。現在我們身邊人人都掛在網上，並預期大家隨時都在線上，也會在同意和你本人碰面前，先來個人肉搜索。桑德柏格的工作就是帶給我們頂尖資訊、通訊和媒體傳播工具，讓人人都能隨時上網，打造個人品牌的想法不僅成真，而且成為必然。

試想看看，你現在要出社會了，過去長年在臉書上累積了不少亂七八糟的公開資訊，這會怎樣？新雇主在跟你要履歷之前，可能早搜尋過你的相關資料。又或者你在生了孩子之後就專心育兒，多年來沒怎麼在網路上曝光活動，如今想重返職場，會遇到什麼狀況？建立個人品牌不見得能帶來優勢，但是完全不經營個人品牌，卻是個大大的劣勢。

好好傾聽

八〇年代初人類發現ＨＩＶ病毒和愛滋病，據媒體報導，愛滋病最早發現於洛杉磯與紐約市的男同志社群，起初各界只知道傳染力極強，且在男同志之間快速傳播，此外可說幾乎一無所知。

很多人都相信只要接觸到帶有愛滋病毒的人，就會有感染的風險。於是，愛滋病患者被送入醫院的專區隔離，生活中唯一互動的對象就是身穿全套防護裝備的醫師。不僅病患承受疾病苦痛，社會大眾亦恐懼不已，整個同志社群也因此承擔汙名，直到發生一件神奇的事，大眾對愛滋病的看法才有所改觀。

一九九七年，黛安娜王妃在媒體陪同下，親自造訪倫敦的密德薩斯醫院，進入新成立的愛滋病專用病房，並以未戴手套的手，與ＨＩＶ陽性患者握手接觸。黛安娜王妃簡單和善的一個舉動，便足以告訴全世界：身染疾病的患者需要的是同理與了解，而非恐懼及忽視。她的舉動從此改變ＨＩＶ與愛滋病相關研究的走向、吸引更多人願意關注此議題，也緩和了愛滋病患者承受的汙名。

黛安娜王妃當然沒有義務關注愛滋病的議題，也沒人要求她關心病患是否受苦，但她沒有遵照王室一般的行為準則，而是做出自己的判斷，為別人的福祉著想。她不只為自己做出改變，也改變了全世界。

很多人都以為，經營個人品牌是為了謀求權力與影響力，可是實際上，只要你想尋求自由，不希望任由他人影響或宰制，就需要好好經營個人品牌。

不久前，有項研究以權力為主題，由科隆大學（University of Cologne）、格羅寧根大學（University of Groningen）與哥倫比亞大學（Columbia University）各自提出兩個不同的權力概念——影響力與自主性。「作為影響力的權力能控制他人，也包含對他人的責任，」研究者如此寫道，「相對的，提供自主性的權力讓人得以忽視並反抗他人的影響，從而決定自身命運。」[1]

黛安娜王妃很清楚自己握有什麼權力，也深知自己聲名遠播，想必她很明白，和一個ＨＩＶ陽性的男子握手，會向全世界傳達什麼訊息。她真心聆聽病患說的話，也深深理解「握手」能幫助全世界克服恐懼。她把影響自身名譽的決定權握在手裡，也得以反過來左右她的個人品牌發展，以及全世界對她本人與ＨＩＶ患者的看法。

少說話，多聆聽

即便是冰雪聰明又見多識廣的人，也可能得到錯誤資訊，或者因為誤會而把錯的訊息轉傳出去。我個人則喜歡跳脫立場和習慣，自行探討背後的邏輯，避免一知半解或以訛傳訛。

我們都很常聽到有人引用什麼專家的話，但這些專家可能已離學生時代很遙遠，或者退休多年，早已跟不上專業領域的新知。不持續接觸專業領域，還一直掛著專家的頭銜合理嗎？這些人究竟是專家，還是比較像歷史學家？

隨著我不斷審視社會中最習以為常的事，了解得越多，便越容易發現改變的機會俯拾皆是。這一點影響我經營個人品牌的方式，在提供客戶建議時，我也會考量這一點。大家把很多事看作理所當然，但這些事未必正確，也未必合理，逐漸看清這點後，會更常聽見腦中那個小小的聲音呼喊著：「怎麼不聽我說？」如果沒有人願意獨立思考，誰還能思考？你可以凡事動腦想一想，做自己個人品牌的消息來源。姑且讓我舉幾個例子，強調獨立思考有多重要。

案例一：是一文不值？還是因小失大？

二〇一四年，鑄造一枚一美分硬幣需花費一．七美分的成本，表示鑄幣成本是硬幣本身幣值的一．七倍（包含購入原料金屬成本與鑄造成本）[2]。同一年，根據美國鑄幣局資料，美國政府（＝美國納稅人）鑄造一枚五美分硬幣的成本為八．一美分。這代表鑄造五枚一美分硬幣的成本，比鑄造一枚五美分硬幣的成本還高。

這件事最精采的地方是什麼？那一年，一美分硬幣是全世界鑄造量最大的硬幣，鑄造成本約花費一億三千七百七十萬美元，這可都是納稅人的血汗錢啊！可是，我們動不動就把一美分掉在地上，或扔進各地的噴泉裡，更別提現在連停車收費器都不收一美分……真的是「把錢都丟進水裡了」。

此外，十美分和二十五美分的成本都低於幣值，對美國鑄幣局而言是能「生財」的工具，但兩者的鑄幣量卻遠不及一美分。

到底為什麼我們還在用一美分硬幣？

支持的論點表示，這樣商人才可以繼續推出「九十九美分」這樣的價格，讓買賣雙方皆大歡喜。因為價格如果只能取整數，要是算成九十五美分，商家可能就會虧本；但如果把價格調漲到一美元，就換成消費者吃虧。但說實話，大家常把一美分亂丟，又花超過幣值的成本來鑄幣，我們居然還會計較買東西多付了那一美分？這事很有趣呢！

案例二：價值由你決定

大概七歲時，我和妹妹會一起撿石頭，在石頭上畫臉，然後我讓她拿石頭去向阿姨家附近的路人兜售。很多人都一笑置之，有些人會給我們錢，但沒拿走石頭。後來大人發現我叫妹妹賣東西給陌生人，自然罰了我一頓。我能理解我媽為什麼那麼火大，但我又花了些時間，才明白為什麼我們的潛在顧客都覺得我們很可笑，因為那確實是個餿主意，不過我也虛心接受就是了。

等到我二十幾歲時，才又發覺，我小時候其實頗有生意頭腦！我得知有個叫蓋瑞．達爾（Gary Dahl）的人，此君頗具創意，曾在加州經營一家廣告公司。他曾經因為懶得再聽朋友抱怨寵物調皮搗蛋，便發明了寵物石（Pet Rock）[3]，還寫了一本說明書，告訴飼主如何照料寵物石，再把石頭包裝得美美的，拿去兜售。第一年，達爾光是賣寵物石便賺進一百五十萬美元，當時每顆寵物石的單價是四美元。利潤如何？每顆寵物石都能賺三美元，因此達爾便成了賣石致富的百萬富翁。

如果告訴你，現在賣一顆石頭的價錢，比你工作一小時，甚至工作一天賺的錢還多，你會不會嚇到？在二〇一六年時，諾德斯特龍（Nordstrom）百貨也賣過石頭[4]。他們推出兩種版本，雙雙用皮袋妥善包起來——小的要價六十五美元，大的則要價八十五美元，兩種石頭在網站上都銷售一空。網站上還有一段說明，寫道：「案頭紙鎮？話題珍寶？工藝精品？任你定義。」

當年達爾賣石頭的時候，起碼還講明石頭的用途，說可以當成寵物，但這些價格高貴的諾德斯特龍石頭，則把用途留給買家自行定義。同理，下次當你決定自己的勞力價值時，請想想這個例子，思考怎麼善用訊息呈現你的價值。

有人能賣石致富，而且單價比加一次油還貴，這世上還真沒有什麼辦不到的事。

案例三：一天一蘋果，醫生果真遠離我？

某次，我到杜拜參加世界政府高峰會，活動非常盛大，來了許多產業鉅子與政府領袖。有天我參加了「剩食饗客」晚宴，席上有多國大使、企業執行長和當地政府官員。宴如其名，餐點都是「即期」食物，讓我吃得有些辛苦，因為我沒有特別喜歡「吃」這件事，而且明知道食物快要壞了卻還得吃下肚，也讓我有點障礙。

說實話，每道菜都很可口，只是我有了先入為主的偏見，這才是問題所在，這活動的主旨是不浪費食物，我卻總怕我吃不完。

後來，阿拉伯聯合大公國氣候變遷與環境部長，阿澤猶第博士（Dr. Thani Ahmed Al Zeyoudi）起身，為來賓介紹主廚和在場的科學家。有位科學家問大家：「各位認為在蘋果採收之後，平均要花多少時間才會上到超市的架上？」眾人亂猜一通，結果都錯了。

「答案是：將近一年。」科學家公布答案，然後他又補充，等大家買完蘋果，帶回家裡時，蘋果本身的營養會流失大半，端看儲藏時間經過多久而定，不過通常都已經流失得差不多了。

這位科學家說得沒錯，通常採下蘋果到送進超市，中間可經歷長達一年的時間。[5]同時依照不同購買地點、食用方式和搭配食材，吃蘋果可能對健康毫無助益。（有沒有人跟我一樣，發現這件事之後就跑去跟媽媽發牢騷，抱怨以前幹嘛老催你吃蘋果？）

我從這幾件事學到什麼？在這世界上，硬幣製造成本比幣值本身還高，零售商可以賣石頭賺進大筆財富，連蘋果都不像大人說的有營養，還真的是什麼都可能發生！我們總以為自己知道很多事，其實稍微挖掘一番，就能發現背後的真相十分驚人。所以，我們都需要有實驗精神、獨立思考，也需要質疑專家說的話，不要隨便照單全收，也不要害怕挑戰常規，儘管常規可以讓所有人都往同一個方向走，也不見得是對的。只要你能獨立思考，你的想法就能為個人品牌奠定基本價值。

2

定義自己的成功指標

你想做什麼事？光是這個問題就會難倒我們多數人。有些人想嘗試成千上萬不同的事，有些人毫無想法，但大部分人都確定自己「不想」做什麼。所以，我總是鼓勵別人先想想自己有哪些事不想做，如果生命中有機會拋開這些事，就有餘裕可以嘗試有興趣的新鮮事。

善用刪去法，從不想做的事開始，首先得判斷哪些事很討厭，你不只需要仔細去想，也要誠實面對自己。你想甩掉的可能是一些簡單的小事，比如希望開車上班的路程越短越好，或一些較棘手的難題，像是已投入大量時間與金錢才建立的事業，自己卻很快萌生放棄的念頭。

要是想脫穎而出，就得二話不說，只做最真實的自己，並熱中投入某件事，達到痴狂的程度。你得非常清楚自己關心哪些事，不關心哪些事，才能真正認識自己。在理想的情況中，你非常清楚這三個問題的答案為何，但實際上，人往往得從當前所處的狀況慢慢思考。再強調一次，**很多人只知道自己不想做什麼，這也無妨，能坦白承認自己還不知道想做什麼事，反而看起來更可靠。**

想好好認識自己，試著搞懂自己想變成什麼樣的人，可能會讓人碰壁而深感挫折，畢竟客觀看待自己總非易事。所以，演員和其他類型演藝人員都會將許多工作交由經紀人和經理人打理，自己專心負責需要創意的部分，專業人士則能幫藝人認清自己是什麼人、不是什麼人，以及能成為的人。

已故的知名兒童節目主持人羅傑斯先生（Fred Rogers），以誠懇待人出名，他曾說過：「我們終其一生都得不斷探索關於自己的真與假，但結果必定值得。」

認清什麼不適合自己

曾經，我也不曉得自己想做什麼，對該追求哪種人生毫無概念。不過，我倒是很清楚我排斥哪些事情，處在新的情境中，往往也很快釐清自身好惡。我不喜歡坐等別人來指使我該做哪些事和該怎麼做，同時對一些能力與其地位不相襯的人，也很難打從心底尊敬。我不想整天等電話，不想找每天坐辦公室的工作。我不希望工作限制我的旅遊經驗，察覺這一點後，我才想通，原來我想要的工作是讓我有機會往外跑或到處出差。

我開始整理思緒，把不想做的事列成一張清單，起初還真不知道這件事有何意義，也不確定能否因此找到人生或職涯方向。我只是一直放手嘗試，若發現有哪個部分讓我不快樂，就會換個方向繼續走下去。我總覺得，如果我想快樂，就得避開讓我不開心的事。我相信，即便只是微不足道的犧牲和破例，也會造成長遠的負面影響。因此，我訓練自己敏銳抓住任何不對勁的感覺，一發現苗頭不對，不如早早放棄，長痛不如短痛。

好好經營人生就是我的首要志業，任何工作都只是人生中的任務。奮力完成討厭的任務以後，當然會盡可能不要再回頭，對吧？我才不想這輩子每週都犧牲四十幾小時在做討厭的事。別誤會，我知道你得養家活口，但我也相信，工作過一段時間之後，業務上有哪些事情是難以改變，想必你可以輕易判斷出來。比方說，你要是想當律師，就得不斷寫狀紙、讀卷宗和處理案件；要是想當醫生，每天都得替病患看病，你還是要忍受得了枯燥的部分，才能繼續走下去。

即便已經在做適合的工作，你也可能還不知道哪些事能夠長久進行，哪些事只是曇花一現。我的做法是列出清單，只要發現哪一點不適合我，就加上去。每次就任新職位，我也會研究團隊負責人的生活方式，了解我每在公司裡爬上一階，是否能得到更多自主空間。要是發現這些人被逼著做我不想做的事，就是個警訊，可能表示這工作不是我的菜。我會看看自己列了哪些「我不幹」的項目，來回翻閱，確定我想要的又是哪些。

學會拒絕，為人生騰出更多空間

我通常會說，我一生所追求的就是自由：想做什麼都行，我想要的是這樣的自由。一開始，我也（像許多人一樣）以為電影、攝影和藝術是自由的工作，所以有陣子我總想和說故事的人一起工作。

高中畢業以後，我決定去拉斯維加斯藝術學院（Art Institute of Las Vegas）攻讀電影製作。上了兩星期課，便發現我不只不會畫畫，還根本就討厭畫畫，偏偏頭兩個學期的課都得畫畫，於是我就到註冊組問能不能轉系。

「你要轉到哪？」他們問。

「只要不必上美術課就好，比如說室內設計之類？」

註冊組那位女士一臉訝異地看著我（有這反應也不意外）：「這裡是拉斯維加斯藝術學院，所有學位的課程都要修美術課。」

聽見這話，我馬上回答：「好吧，那我不念了。」接著便立刻把「畫畫」加到「我才不幹」清單上。

當時，我晚上替一位催眠師擔任經紀人的工作，幫對方處理在拉斯維加斯的巴黎飯店的表演事務，白天則為地方名流行銷推廣，兼差賺外快。一天上班時，我突然想到：為什麼要幫這些藝人行銷？我自己難道沒有出名的本錢嗎？我有多年戲劇、劇場和即興表演經驗，我有足夠的條件去追求想要的自由。我找到一所學校，經過試鏡，通過入學考，念了幾個月後，便勇闖好萊塢。

我修習舞台排練、戲劇學及語音學，完成兩年學位，開始了演員生涯。過了六個月，我又在「我才不幹」清單上新添一筆：「等待」。因為在這過程中，我發現不管是演戲或特技排練，對個人的生活或時間都沒有主導權。

本以為演戲能感覺自由一些，結果只是花大把時間等待，我得排隊試鏡、等對方回電話、「待命」——選角指導會要你騰出一段時間，不管他們用不用得到你，你都得預備隨時上工。就算順利接了戲，還得先等製作團隊準備前置作業，戲演完了，還要再等四到六星期才能拿到酬勞。待在演藝圈那段日子裡，我要不是在等候新工作上門，就是在餐廳伺候顧客，回想起來，我這個服務生倒也當得有聲有色。

我的離職史還很長，這只不過是開始而已。結束演藝生涯後，我念了一陣子人類學，又轉而從事人才管理工作，後來又進了一家冰沙公司的行銷部門，待三天就走人，還當過一家小唱片公司的會計，結果也做不久……真要算起來，名單可長得很。

二十四歲時，我還在學校念商業管理和中文。我同時到網路公司實習，那倒是個很好的工作，不過我想創業，還希望有天能到中國做生意。所以當公司要提供全職工作機會時，我只回答：「多謝，但是不用了。」幾個月後，我的計畫又變了：我決定要出門走走，踏上六個月背包客之旅，一邊看看這世上有沒有適合我長住的好地方，說不定可以移民過去。

我那時候算是有點青年危機，很需要知道人生不是只有一條路可走，便賣掉所有東西，踏上旅途。不過為了存旅費，我又回頭接受當初實習的公司開的職缺。

自行判斷，不要預設太多立場

到了出發前幾個星期，我打電話回家說：「媽，我要辭職去環遊世界。」她早習慣我的善變，沒說「你瘋了嗎？」而是告訴我：「先別急著辭，等你回來還是得工作的。」可是天底下哪有老闆願意讓我休那麼長的假，還替我留位子？我不過是個菜鳥，連像樣的學歷都沒有。

但我還是走進老闆辦公室，劈頭就說：「我需要休假。」老闆問我想休多長時間，我回答：「六個，或者九個月吧。」他瞪著我看了許久，才說：「失陪一下。」

老闆大概離開了十分鐘，我卻好像等了一輩子。終於，他走回辦公室，帶著一個資料夾。他打開資料夾，看著我：「如果你不幹了，我們就不能再雇用你一次，這是本公司政策。」

好吧，我只能準備跟公司說再見。

然而，他繼續說：「你可以每個月工作五到十小時就好嗎？」我一聽這話，整個人愣在原地，只回答好。「那麼，我們就能給你一筆津貼，當作你不在公司時，管理公司社群媒體發文的報酬。這樣你就能休假，回來之後，又可以做原本的工作。」

我又是一陣目瞪口呆：在尚未釐清自己真正的想法之前，我就這樣得到想要的一切資源。我媽的建議真是對我一生影響最大的幾句話。那時，誰知道我真能爭取到這麼長的休假，而且不必長篇大論找理由？那一剎那，我才發現自己一直在預設別人的看法。如果要開始獨立思考，就不該急著揣測他人的心思，先提出問題，開口說出需要，總有無窮無盡的機會。

於是，自此我學會開口，有什麼想要的、需要的，都勇於提出來。當然不是每次都如願以償，至少也常有所得，比如以下這些就是我爭取來的：

- 旅途中，替Yelp網站和其他各地線上排名公司撰寫評論，換取免費餐點、住宿和行程贊助。
- 在推特上發幾則貼文，換取費用全包的六週紐西蘭之旅（我的帳號當時已經有一千人追蹤）。
- 七個月有薪假。
- 才上班九個月，就能加薪百分之六十五，而且職務不變。
- 先前未有發表社論的經驗，卻能在知名媒體上具名刊登文章。
- 婚期未定，卻已獲得婚禮西裝、禮服和酒水贊助。
- 前往以色列、杜拜、孟買、馬尼拉、杭州、峇里島等地發表演說及參加活動，獲得招待。

這份清單其實還很長，我發現大家都喜歡以物易物，所以不妨放手一搏，勇敢開口，就能開啟無限可能——不過，前提是你也確定自己能提供有價值的東西，才有交換空間。

為什麼開口爭取想要的東西會這麼難？這是人類老早就有的本能，我們都怕被拒絕，怕到寧願欠缺某種資源，也要避免聽到別人說「不」。這是人之常情，卻也令人氣惱，因為大部分人也都以助人為樂。只要為別人幫上忙，人體內的腦內啡就會自然增加。所以不妨直接開口，問問別人是否能伸出援手，如果他們說「可以」，你也給了他們一陣腦內啡刺激，如果對方說「不行」，你也不過就是留在原地罷了。開口、開口，多問無害，唯有許多貴人相助，才能更加成功，實現目標。如果受到拒絕，就找別人開口，或者用別的好處交換，但千萬別止步不前，有什麼想要或需要的，一定要多開口爭取。

請先戴上氧氣罩

每次搭機飛行，都會在機上聽見廣播，指示乘客在危急時，務必先戴上氧氣罩，才幫助別人。先戴氧氣罩到底有什麼重要？這讓桑德林（Destin Sandlin）也很好奇。[6]他是一名工程師，也是知名Podcast和YouTube頻道「生活聰明王」創辦人，他想先了解：要是處於所謂的「缺氧」狀態，究竟會發生什麼事？

桑德林找上太空人佩提，加入他在美國太空總署（ＮＡＳＡ）的中性浮力實驗室進行的缺氧訓練。這項訓練旨在協助太空人與飛行員理解缺氧症狀，好讓他們在緊急時能適時發現腦部無法正常運作，及早採取對策。

每個人碰到的缺氧症狀不盡相同，因此ＮＡＳＡ設法提供缺氧訓練，讓參加者了解有哪些可能的症狀。之後ＮＡＳＡ再將參加者送入特殊的廂房內，模擬高海拔低氧狀態，同時以加壓系統控制氧氣壓力，也就是高空飛行時，讓機上人員能夠正常呼吸的那種系統。

在一名訓練充分的太空人看來，這項實驗沒什麼新鮮，不過對於像桑德林這樣的YouTube頻道主持人來說，是非常特別的體驗。他將整個實驗過程拍攝下來，並以太空人佩提為控制組（佩提已經很習慣對缺氧狀態做出反應）。

桑德林則獲准在缺氧症狀顯現後，延遲戴上氧氣罩的時間，觀察一分鐘，結果頗為驚人。

實驗過程中，桑德林有個任務是把兩兩相合的塑膠塊組合起來。前兩分鐘，他還可以正確進行組合，之後卻不由自主地微笑起來，身體輕微顫動，雙脣泛紫。旁人要他趕快戴上氧氣罩，桑德林一邊回答「我不想死」，卻一直不戴上氧氣罩。實驗團隊只好替他戴上氧氣罩，過了幾秒鐘，他終於恢復正常，又能輕鬆完成組合任務。

這個故事告訴我們，自己缺氧時，就不可能幫助別人好好呼吸。人生中幾乎所有事都是如此：**假若自己先成功，幫助別人成功便更輕而易舉。自己得先快樂起來，才能逗別人開心，要替別人拉關係，最好自己先有一些人脈。**先想想自己需要什麼，才關照他人的需求，這樣做絕不自私。很多社群的人都受所處環境和人際網絡限制，因為他們的文化崇尚謙卑，樂於犧牲自我，便使他們行事處處顧忌，卻因此平白錯失許多機會。

舉個例子，我們都知道，要是誰做了什麼創舉，比別人都更有突破，那麼此人就能幫助自己的社群、親族或朋友，讓他們也能超越既有方法，更上一層樓。因為這些人會建立新的生活方式，創造一些前所未有的全新可能，從前只因缺乏對外連結而缺少的機會，這下都盡現眼前。想這麼做，也得這些人先能夠自立，獲致自身成就，才有本事幫助別人。

這也正是個人品牌派上用場的時候。經營個人品牌，等於認清你必須先提升個人能力，才能向別人伸出援手，為別人做有意義的事。培養自身影響力，才能改善他人的生活。

3

你是誰？由你說了算

經營個人品牌經常得說故事，我喜歡把這想成是履歷的進化過程，因為履歷可說是個人經歷簡史。履歷不僅能界定我們的經歷，也能表達個人觀點。如今，不限於求職者，人人都可寫履歷，履歷的形式也不限於紙本，履歷無所不在。

例如決定讓某人共乘前，我們會先了解對方是什麼樣的人；用約會程式時，會看看對方的個人檔案，決定要不要往右滑（譯註：即交友程式Tinder的功能，系統會根據使用者特質與偏好提供配對建議，向左滑表示「不喜歡」，向右滑表示「喜歡」，若雙方都表示喜歡即配對成功，就可開始聊天），甚至連考慮要不要請某人來家裡吃飯，也會想先了解一下對方的「底細」。履歷已漸漸演進為一種個人的維基百科了。

科技日新月異，已經沒人願意慢慢等你奉上履歷，才決定要不要相見。這年頭，連家裡的阿公阿嬤都會用Facebook聯絡，網路上資訊應有盡有，人人都能挖掘，根據這些資訊品頭論足，決定別人是否值得一些新的機會，所以務必牢記這點，謹慎行事。

履歷演進史

世界上第一份履歷是誰寫的？不是別人，正是知名藝術家、建築師與工程師達文西。據信達文西在一四八一年左右，手寫出第一份履歷，呈給了米蘭公爵：

閣下鈞鑒：世間有多位發明家自稱善製戰爭器械，敝人有幸遍覽樣品，以為不過泛泛之器，無足為奇，故本人在此誠摯自陳，摒除偏見，全心向閣下闡明，且慷慨呈獻本人私藏技藝，以博閣下認可及讚許，並靜候佳機，將下列各物派上用場。

1. 我已為閣下設計一款極為輕巧且堅固之橋梁，便於隨行攜帶，閣下得用以追趕敵軍，或擺脫追兵。另呈上若干其他設計安全之橋梁，足抵禦祝融及戰亂毀壞，且拆卸、安置皆操作簡便。此外，我亦能提供一些燒毀及破壞敵方橋梁之妙方若干。

2. 若某地遭包圍，可用我的方法為城壕排水，且能架設各式橋梁、掩蔽壕及雲梯，與其他可供探查使用之器械。

3. 圍困要塞時，若考量築堤高度，或要塞防禦工事及位置，不便發動原定砲擊計畫，我亦備有摧毀石塊與其他要塞工事之良方。縱使我方以岩石等地形為據，仍得採行。

4. 我可提供多種投石器，不僅最為易用，且便於運送，可投石如雨，並揚起煙塵，嚇阻敵方，損傷戰力並加以混淆。

5. 如於海上交戰，我可提供多種裝置，可有效進攻及防禦。船隻設計可抵擋最大型砲火、炸藥與煙幕侵擾。

6. 我善於修築隱蔽且迂迴的坑道與密道，且建造過程無聲無息，縱使途經護城河或一般河川，依舊通行無礙。

7. 我能製造有罩戰車，車身安全，無堅不摧，得逕入敵軍砲火中，所向披靡。有此掩護，步兵得行軍於後，毫髮無傷，向前通行無阻。

8. 我亦可按閣下所需打造巨型弩砲、投石器與輕型大砲，不似尋常型態，乃更為精巧實用。

9. 唯不得砲擊時，我亦能設計石弩、投石機、陷阱與他種成效卓著之器械，且非泛泛所用。簡言之，我可設計多種攻擊與防禦兵器，應其各自所需。

10. 承平時期，我自信能滿足閣下所需，建築公用建物與私宅，與他人相比毫不遜色，尚善水利，能從一地引水至他處。

11. 我能雕塑大理石、黃銅或陶土，繪畫各種事物，技藝堪與任何畫家相當。再言之，我樂意為閣下雕塑銅馬，為令尊盛譽及斯福爾扎（Sforza）家族聲名流傳千古，榮耀不朽，榮光永耀。

上述諸項，如有認為不切實際或不可實行者，在下也能於閣下園中或任何場所實地試驗。謹此謙遜事奉，聊表敝人無限恭謹。

達文西的履歷簡直無懈可擊，所有個人品牌的履歷都該這樣鋪陳。你可能不想如此直白，不過道理八九不離十。

不妨從寫篇部落格文章開始，模擬自己可能身處的一些情況，或者關於面對不同處境的看法，然後發布到LinkedIn。比方說，如果想成為財富管理領域的意見領袖，那就設想一種可能發生的負面情境，並提出自己的應對方法。之後，只要有人來看你的LinkedIn檔案，或在網路上搜尋有關你的資訊，便會讀到這篇故事——一篇描述你解決潛在問題的故事。

請效仿達文西，務必給品牌組合添上一些個人色彩。在《Google模式》中，作者施密特（Eric Schmidt）說明他用以下方式來決定是否雇用某人，《財星》也引用過這段話：「想像自己和某個同事一起困在機場：施密特選擇洛杉磯國際機場（LAX）為故事場景，因為這裡景況最為宜人（當然，亞特蘭大或倫敦機場也可以，反正一樣爛）。那麼，你能和他盡興聊天，消磨掉這段時間嗎？你會覺得這是美好時光嗎？或者很快就開始翻隨身行李，找出平板電腦，檢查有沒有新郵件、看看新聞或隨便找事做，就是不想跟這位無趣的老兄聊天？」[7]

假若你的個人簡歷、數位能見度，乃至個人品牌傳遞的訊息，一概只和商業有關，別人就會認定你很「沒趣」。沒人想和呆板的傢伙共事，也沒人想找這種人來演講，每個人都想和有能力、有企圖心，又能侃侃而談的人一起合作。達文西深諳這點，因此他寫出的履歷切中問題、提供解決之道，並以自身個性與嗜好為本，提供洞見。你在網路上打造個人品牌時，也能想想同樣的問題：你要告訴別人什麼故事？你是否展現出自己的個性？或者開口閉口都是工作？

達文西之後的履歷史

世上第一份履歷距今已有四百五十年歷史，但要等到達文西投出履歷五十年後，履歷才漸漸普及。到了一九三〇年代，寫履歷再次成為風潮，經過漫長發展，履歷文化才真正扎根。

一九四〇年代：社會不贊成女性投履歷，卻要求男性不但要寫履歷，還要放上照片，並載明婚姻狀態、年齡、社會背景、身高、體重和宗教信仰。

一九五〇至六〇年代：履歷越趨普及，幾乎所有職缺面試都少不了履歷，大家也開始在履歷裡提及個人興趣。

一九七〇至八〇年代：科技進步，開始出現打字印刷的履歷，手寫履歷逐漸式微。履歷撰寫指南大為風行，而到了一九八七年，傳真機已相當普及，用傳真提交履歷才是專業的做法。

一九九〇年代：現在，有了網際網路，大家都用電子郵件投履歷。

二〇〇〇年代：LinkedIn網站成立，大家開始把個人簡歷放上網，可供他人自行查閱。

現在是二〇一〇年代了，有什麼新變化嗎？履歷本身沒什麼大改變，倒是投履歷的方式不一樣了。雇主只要在Google引擎、Facebook、推特和其他平台稍事搜尋，就能得知你的大小事。當然，我們還有Ripoff Report、Mugshots.com和Yelp等評價網站，都是雇主查明底細的好地方，當然你也能反過來找找雇主的資訊。

其實，不妨把經營個人品牌設想為寫一份關於自己的摘要，一份人生概覽。如果是未經本人同意就放到網路上的資訊，你大概也不想納入摘要中，比方說一些不光彩的事蹟、後悔拍過的照片等等。大家會用這些資訊來斷定你的為人，不論是否與真正的你切實相關，總會成為參考依據。

所有人都有個品牌，旁人也多半會以網路上的所見所聞來下判斷，或因為找不到某些資訊而產生特定印象。所以，我們應該拿回敘事主導權，自行編修潤飾，有必要就重寫，並設法說得更精采。每個人都可以當說故事的人，用數位方式呈現自己，正如人一向都是自己提筆寫履歷一樣。

找出最佳起跑點

每個人都有線上的個人品牌，經營方式各不相同，區別只在有些人善加打理，有些人則置之不理。如果想掌握線上能見度，第一步就是了解哪些東西不該具名，還有網路上有哪些事做不得，然後好好研擬對策，動手改變局勢。如果每一步都做過了，說了個漂亮的品牌故事，卻不懂得如何經營，那麼也不過是邁向失敗而已。一旦心存疑惑，請先暫停腳步，捫心自問：如果發布這個，按這個按鈕，或連結到這件事或這個人，誰會看到這些內容？從中又會傳遞出什麼訊息？要是答不出這些問題，你也許要再三考慮，切勿貿然行動。在這方面，我也列了份清單，寫下絕不在網路上做的事：

- 在「任何地方」留下評論之前，請先想想發言的後果，或確認留言的這個帳戶是否設為非公開。有些客戶會請我幫忙審視數位足跡，結果發現他們之前對亞馬遜留過一些惡評，內容恐有傷害自身形象之虞——有時其實是家裡的孩子留的，因為大人沒登出亞馬遜帳戶，孩子便用這些帳戶來留言。此外，我也曾發現客戶對餐廳措辭嚴厲的評價，甚至還有在藥局網站留言批評藥物功效。請幫自己一個忙，好好確認一下，只要在網路上登入任何帳戶，並以本名發表任何評論，都要避免任何不想讓別人看到的發言。
- 若非真心誠意發表意見，就不要留下評論。我知道，每個人總會一時氣憤，但也不必抓著某人或某家公司的失誤窮追猛打。真的，那些評論都不需要留。之前，我發現有些客戶曾在網路上留下一堆不必要的評論，便決定推掉那些案子，免得惹禍上身。

●大家難免有一些好久沒用的社群媒體和數位帳戶，如今偶然想起，也只想刪掉這些帳戶。不過請忍住，我會建議你別再造訪這些網站了。我個人的例子是過去曾紅極一時的線上日記網站LiveJournal的帳戶，有些人則是放養了些長草的部落格，或推特帳戶。聽好，別再進這些網站了，因為你越關注，相關資訊就會在搜尋演算法中成為相關度更高的內容。

想想看，寫履歷的時候，你應該會把高中和大學打工的經歷抽掉吧？同理，剛開始新事業或轉換跑道之際，自然也要抹除與當前目標無關的網路經歷，或者至少要設為隱私資訊，畢竟你大學時在派對灌酒的照片，給未來的主管看到可是一點幫助也沒有。

善用搜尋訣竅，清查自己（和別人）的網路足跡

在數位世界留下的足跡，會影響別人在網路上得到的資訊，進而左右他們對

你的看法。網路世界會以你留下的資訊，向他人提供內容，列出及排序搜尋結果，線上活動紀錄也會成為分類依據，決定將你歸入哪些類別。因此，想必你會希望掃除一些不無關緊要的內容，只留下最有利的資訊和紀錄（就像寫履歷一樣有所取捨）。

請好好搜尋一番，盡可能找出網路上一切有關你的資訊，畢竟如果連自己都能挖出來，別人也能一覽無遺。搜尋的時候，務必不要同時登入Gmail、YouTube、Google或其他任何的平台，最好也要使用無痕視窗來進行。這麼做可以避免搜尋結果帶有「偏見」，能獲得比較接近一般人搜尋到的內容。可以參考pipl.com列出的網站清單，從中找出更多網路上與你有關的資訊。

請輸入你的電話號碼、電子郵件地址、姓名或社群媒體使用者名稱。如果要找比較舊的資訊，可以試試不同關鍵詞。若要更深入搜尋並取得更多結果，可以改用集合式（focused-aggregation）的搜尋引擎，例如下列的一些選擇，這些搜尋引擎可以集中不同搜尋引擎的結果，同時查看各家提供的資料。

也許，這些結果和你從Google等其他搜尋引擎找到的相差不遠，但如想進行地毯式搜尋，這些搜尋引擎會很有幫助。若要深入搜索社群媒體上的資料，可以用

Intel Techniques搜尋工具。

- » www.dogpile.com
- » www.webcrawler.com
- » monstercrawler.com
- » inteltechniques.com

搜尋完畢後，可以開始好好審查所有資訊，目標是盡可能找出與你的線上品牌有關且可以新增、修正或移除的內容。請建一個內容表，統一記錄所有找到的資訊，可以自行設計格式，也可以參考我的整理方式：cynthialive.com/platform。以下的每個類別，在表格中都應該自成一欄：

1. 不想留在網路上的內容
2. Facebook對你的分類
3. Google對你的分類

出乎意料的前十筆搜尋結果

填完之後，請比對之前列出的「不想留在網路上的內容」，看看有幾項相符。如果不想和某些內容扯上關係，就畫線刪除吧，其餘的可以先保留，提供後續鑽研的主要方向，如此不斷取捨，直到新增或移除了更多資訊為止。如此一來，可幫助你遠離錯誤目標，將自己導向正確的道路。

請記下自己被歸入的類別，開始保護自己的照片，並設法改變照片形象，好好打造品牌印象，以下提供一些訣竅。

亞馬遜

1. 前往 www.amazon.com/adprefs。
2. 確認廣告偏好設定為「不要在此網路瀏覽器上提供個人化的 Amazon 廣告」。
3. 按一下「提交」。

4. 之後，會看到一個綠框，內有打勾圖示與說明：「謝謝您。已儲存您的偏好設定。」

Facebook

1. 前往www.facebook.com/ads/preferences。
2. 在「你的資料」上按一下，查看網站使用了哪些資訊。然後按一下「你的類別」，查看Facebook如何將你的偏好分門別類。
3. 記下這些類別，以供未來參考，之後按一下右方的X，移除不想建立關聯的項目。
4. 返回「個人資料」，確認已經移除所有不希望網站使用的資料。
5. 前往「廣告設定」，按個人偏好更新所有設定。
6. 前往「隱藏廣告主題」，查看各主題的個人化敏感廣告。如有需要，可將這些類別永久隱藏。
7. 若有希望在此區永久移除的其他主題，也能向Facebook提出建議。

以下是Facebook將我歸入的類別：

不與家人同住	新工作
最近參與活動（最近 1 年）	遠離家鄉
1 月壽星	美國政治（極自由派）
管理	社區與社會服務
使用 Facebook 的管道（行動裝置）：所有行動裝置	使用 Facebook 的管道（行動裝置）：智慧型手機
使用 Facebook 的管道（行動裝置）：Apple（iOS）裝置	使用 Facebook 的管道（網路類型）：3G
Gmail 用戶	使用 Facebook 的管道：較舊的裝置與作業系統
使用 Facebook 的管道（行動裝置）：智慧型手機和平板電腦	使用 Facebook 的管道（網路類型）：WiFi
使用 Facebook 的管道（作業系統）：Mac OS X	新技術早期採用者
Facebook 粉絲專頁管理員	常互動的消費者
擁有的裝置：iPhone 7	經常跨國旅行

Google

1. 登入Gmail或YouTube帳戶。
2. 前往adssettings.google.com/u/0/authenticated。
3. 在此，可看見一個類別列表，這是Google對你蒐集的資料。
4. 記下這些類別，然後移除不希望產生關聯的項目。
5. 若希望關閉個人化廣告（建議這麼做），請按一下右上角「廣告個人化」的滑動按鈕，滑動到左方。
6. 這時，會跳出一個對話框詢問你是否要關閉。請按一下右下角的「停用」，又會跳出一個對話框，請按「我了解了」，然後繼續設定。

Google將我的興趣分類為以下類別：

您喜歡的主題　　您不喜歡的主題（0）

移除不喜歡的主題，並新增喜歡的主題，可為您提供更實用的廣告。在使用某些 Google 服務時（例如：觀賞 YouTube 影片），系統也會自動新增主題。我們會從其他 Google 服務加入您有興趣的主題。

藍調	商業與產業	競賽性運動
電腦和電子產品	鄉村音樂	舞曲與電子音樂
飲食	地方新聞	電影
線上社群	政治	搖滾音樂
電視與影片	電視喜劇	電視紀錄片與非虛構
電視劇	都會與嘻哈音樂	網頁設計與開發

＋ 新主題

若想查看廣告設定的完整清單，可前往cynthialive.com/Platform。等到你自認已清理所有設定，修改好個人資料「概覽」的模樣，差不多大功告成時，最後請找來媽媽或別的長輩，麻煩他們上網搜尋你的資料，看看會查到哪些東西。要是你聽到這方法就覺得不自在，表示你做得還不夠徹底。那麼，請回到前面的步驟，繼續清理，直到可以安心為止。

搜尋結束後，請根據找到的資訊，整理出一個關於你的故事。判斷你想強調哪些資訊，又想抹除哪些資訊，再找出希望移除卻無從移除的內容。你可以聯繫Google來隱藏特定會妨害個人名譽的搜尋結果，或主動建立新內容，使新內容在搜尋結果中排序較舊內容為先。以下有幾種方式可供參考：

- 加入新的社群媒體平台，並活躍使用
- 開始寫部落格
- 購買網域
- 與希望建立關聯的網站多互動

請假定每個人都會搜尋你的資訊。若網路上有些東西會影響你的名聲，請別假裝這些資訊不存在，總有人會發現，所以你該提早採取對策，免得其他人先看見。如果以前受訪或開會時說錯話，請坦白認錯。為什麼要道歉？因為人非聖賢，而且說真的，道個歉有什麼？別人會原諒你的過錯，卻不會相信說謊的人。也務必要搜尋一下新認識的朋友，了解他們的興趣、雙方間可能的交集所在、對方的求學經歷等等。下次碰面時，可以主動帶到這些話題，證明你下工夫查資料，然後就能看見對話漸漸加溫。

4

個人品牌四要素

想建立個人品牌，必須集齊四大要素：個人能力證明、社會認同、人際關係與獲獎事蹟。每項要素都像一塊拼圖，結合所有拼圖才能說出完整的故事——也就是你的故事。

個人能力證明

如果證明某些事情後，你會更有自信追求新目標、勇於評論時事，也更有動力實現熱情，那麼這些就是你的個人能力證明。請參考以下例子：

- 教育程度
- 個人經歷
- 證照或資格證明
- 個人成就

要管理個人能力證明可能不太容易，因為每個人都有一套評量自信的基準，擁有的信心多寡也不同。有些人會不自覺畫地自限，比如：「我打算做甲，但還沒完成乙，我想別人會希望我先做完乙吧。」這推論過程根本說不通，首先你得自問能不能做到甲，再確認乙是否為甲的必備要件，然後才能考慮做不做乙。

另一種人的問題則是，會欺騙自己或別人：「我做好乙了，所以可以做甲。」有時他們可能根本連乙都還沒做好，便跳到下一步。這類人總自認為不必證明自己的能力，往往喜歡輕易許下承諾，答應一些自己根本辦不到的事。

至於自信充分、不那麼依賴能力證明的人，反而經常爭取到一些需要特定資格的職位。當然，有些人半途便鎩羽而歸，但我們總會往某個方向發展，並且走出自己的路。我之所以能多才多藝，正是因為一開始勇於挑戰我可能不太符合資格的位置。

這些挑戰自我的經驗果真讓我大開眼界，見識到許多專業知識（不論概念上或實際上的專業）。有一次，我受邀在《財星》雜誌的千大行銷執行長訓練課程中講課，才第一次體悟到這點。

當時我與匆匆搭機前往邁阿密，入住一家高級飯店，我只知道自己要在會議圓桌前發言，身旁會有主辦人陪同，課程則有十二人參加。先前我和主辦人碰過面，一起順過流程，那時我說了一句：「好，我們得確定不會有人聽不懂！」只見主辦人面帶微笑看著我，好像突然發現眼前這人走錯地方了，接著大笑道：「放心，他們絕不會聽不懂。」這句話羞得我恨不得找個地洞鑽進去。

講課當天，我和另一位講師先在小房間等待。直到那時，我才拿到完整的出席名單，翻開來看了一眼，便嚇得差點把咖啡打翻——我演講的對象是一群企業的行銷執行長，有些人還是《財星》五百大知名企業的高階主管！我大概是全場資格最嫩的，可能還是教育程度最低，而且能力最不足的一個。事實也相去不遠，講課過程中，整張圓桌環繞在滔滔不絕的精采對話中。有些對話真是精闢，我這輩子沒聽過這麼有趣的討論。

開完了會，我得到一個結論：會議中的這些討論，才是值得所有人聽到的內容，而不是由我這樣的年輕人到處發送、測試的新點子。聽眾需要的是真正有料的人發言，不是我這種半調子。於是從那天起，我更加重視自己的能力證明，這也才真正懂得個人品牌的意義。

我希望能幫這些絕頂聰明、企圖心強又事業有成的人打響知名度，也知道得找出更有效的辦法行銷、介紹他們，好讓更多人認識。為了做到這一點，我得用更高的標準要求自己。

那麼，個人能力證明應該包含什麼？如果想更深入探討，不妨先試著回答下面的問題，了解有哪些不同的指標可以衡量自信：

上大學或職業訓練的目的為何？

你上過大學嗎？

你是否曾取得任何文憑？

你目前有工作嗎？

如果你有學歷也找到工作，目前的工作領域和所學是否相符？

當初面試時，對方是否要求你提出大學學歷的證明？

徵才方是否要求你提供資歷查核？

以下何者為面試人員較看重的：你的學歷或資歷證明？

我在人數不一的各種場合，向許多聽眾問過同樣的問題，他們背景各不相同，也各有所長，但除非其中有醫生、建築師或律師在場，否則百分之九十九的聽眾都會說，從沒有人要求他們證明自己的學歷，目前的工作也和當初所學無關，而且現在的雇主也未曾查驗過員工的背景。

如果大部分的公司都沒想過要查核員工是不是上過大學、取得文憑，那誰會想乖乖修完學分才出來工作？要是多數人終究會放棄原先所學，往不同領域發展，又何必花錢念大學？有機會的話，直接去探索新領域就好啦？其實，答案正是要證明個人能力。剛起步時，我們都需要一紙文憑在手，才有信心去求職面試。還有，因為別人在意的不是你這個人會什麼，真正看重的是你有哪些人脈、雙方如何認識，以及他們對你的評價。

我不是阻止你上大學，而是希望你能搞清楚自己上不上大學的原因。假如你需要大學學歷證明你的能力，這當然是個好理由（我自己就是這樣，所以念了大學）。不過，就算你發現別人更關心你認識哪些人，那麼利用上大學建立人際關係，透過人脈創造機會，也有其意義在。

每個人都能提出自己獨特的個人能力證明。讓我說說我是怎麼省下兩年時間和十四萬美元的求學故事。

我取得學士學位時，已經「高齡」二十六歲，不過還是意氣風發。我從過去的很沒安全感，變成了過度自信。畢業前，我在一家事務所工作了一年多，畢業一年後，事務所被另一家公司收購，我便打算申請就讀某間知名商學院——多虧了那場邁阿密會議，讓我見了世面，才萌生繼續深造的念頭。

為了考商學院，我花了大把的錢上一堆GMAT課程，前後還考了三次GMAT。我考慮過幾所學校，後來決定申請其中一所的在職專班，此時我意外收到了一封電子郵件，寄件人是一名招生主任，對方服務的單位正是我心目中前幾志願的管理學在職專班，寄信是為了邀我見個面。

我如期赴約，一坐下來，招生主任便看著我好一會，才問道：「請問貴庚？」我告訴她，我差不多二十九歲了。「我看過你的履歷，還以為你年紀更大一些。」她答道（這話在我聽來，可真是大大的讚美）。

招生主任向我說明這個學位課程的內容、來就讀的學生職階，以及他們都在哪些大公司任職。然後，她問了個問題，讓我重新考慮念商學院的事：「你為什麼想讀MBA？很多人來讀MBA，就是為了想走到你現在的位置上。」

這句話使我深感震撼，過去幾年，我自認不過是負責管理社群媒體帳號，現在國內最頂尖的商學院卻好奇我何必要來念書。於是，我說我想多學些金融知識、學習建立關係，還有找個藉口不必再整天往返奈許維爾（Nashville），因為公司總部設在那裡，害我得三天兩頭出差。

不過這次會面之後，我便改變主意，改投高階管理班。我想先了解課程都教些什麼，於是查詢好有興趣的課程資訊，讓學校知道我想以未來學生的身分旁聽。聽了幾堂課，我逐漸明白，我其實不是很想進商學院，因為最好的時機早已錯失。

有次，有人介紹我認識某商學院的資深教師，很多人都喜歡向他尋求建議。「你應該把握良機，省下時間，省下金錢，找個能力強的執行長，然後做自己擅長的事。」他對我說，「你隨時都可以回來念MBA，不必急於一時。眼前的機會卻可能立刻溜走，不會等人的。」他這番建議真是令人豁然開朗，讓我看見另一種更刺激、精采的未來。

結果，我根本沒申請任何商學院，反而找上授課的教師，自告奮勇要到課堂上演講。迄今，我已受邀到過多所學校演講，包含南加州大學、加州大學柏克萊分校、哈佛進修學院等等。每次演講時，我都用同一段話當開場白：「以前，我自認進不了這所學校，現在卻站到了這個講台上，你們等於付了學費來聽我演講。也許以後哪天又變成我想雇用你們，因為你們懂得比我還多。我想強調，不論現在站在什麼位置，未來都有可能走往別的方向。」

以我個人來說，證明個人能力的方式是詢問別人的意見，要是有誰專精於我有興趣的領域，就聽聽他們有什麼看法，因為我會很佩服這樣的人。這些人的話可比一個MBA學位還有分量，只不過當時我還沒發現罷了。

社會認同：先有雞還是先有蛋？

如果想確定某人是否有資格做某事，就需要提出「社會認同」來證明。社會認同可以向別人證明你幫得上忙，或者可以從你身上學到新知。建立人際關係是一場利己的遊戲，但原因並不如想像中的勢利眼。

舉幾個例子：比起跟實習生打交道，企業執行長可能更想結交其他同等級的高階主管；製作人也傾向不對新進演員多費心力，因為還不如花時間去認識名人；創業投資人也看不上新創公司，他們想找的是能穩定獲益的金主……以上的例子並不是要主張這些人能力夠強，所以不需要實習生、新進演員或新創公司，而是要告訴大家，每個人都會想接觸和自己地位相當或地位更高的人。

不過，如果你能打破既有窠臼，挑戰一般衡量成功的標準，或者在其他領域小有成就，那麼你大可放心搭訕，想和誰交朋友都行。

可證明社會認同的參考範例

- 社群媒體追蹤者
- 有人推薦你或引用你的話
- 受邀到別人的部落格寫文章、為大型媒體撰文、曾出版著作、案例研究等等
- 曾發表演講並在SlideShare分享簡報
- 在有興趣的領域能列出相關經驗
- 多年相關經歷、優質經歷，以及他人正面的引述

勇敢開口，直到別人說「可以」

約莫兩年前，我有個認識的人為許多不同媒體撰稿，我便問他怎麼起步的，他給的答案是：「我一開始是先在部落格上寫文章，用很多新奇有趣的內容來開拓知名度，然後接到小型媒體的邀稿，漸漸才有大型媒體來找我。整個過程很花時間

又累人，說實在不太容易。」

聽了這個答案，我有兩點不太滿意。首先，向成功的人請益，對方卻告訴你這件事對你（或任何別的人）會很困難，聽了真是一肚子火。重申一次，我們應該轉念，多支持、多分享所學所知，並且不要太美化自己的成就。

第二個不滿意的地方是，他這番話傳達出一個訊息：「如果辦得到，也要花上一輩子的時間。」這大概是我最不想聽到的答案了。我不喜歡在不重要的事上花太多時間，所以我沒遵從這人的建議跑去經營部落格，而是走向另一個平台——推特，因為我很清楚，用推特才能夠輕輕鬆鬆接觸到很多人。

我先是在推特上搜尋，想找出美國有哪些人的推特簡歷提到「編輯」這個詞。找好對象之後，我寄了近百封訊息給這些編輯，詢問他們缺不缺撰稿人。光是寄這些訊息就耗費了差不多三個小時，結果只收到一則回覆，這位大型媒體的編輯告訴我：「我們很缺人。」就像這樣，我只花三小時就爭取到撰稿的機會，不必賠上整整三年光陰。

不過，剛開始我也想不出要寫什麼，後來終於下了個標題，叫〈別忘了為個人品牌擬定成長策略〉，事後看來，可真有先見之明。當時我就很清楚，可以透過寫作來取得對議題發言的分量、幫助親朋好友、表達自己的觀點，還能在我的網站頁面上秀出「為以下媒體撰稿」的資訊。如果能和別人商談交換條件，我會幫自己的客戶爭取機會，登上更多媒體露臉。這麼做可是大大加分，自從用了這個方法，我才發現撰稿能帶來各式各樣的機會，源源而來，我便開始深入鑽研，希望更善加利用。

當時的我真的有資格替重要媒體撰稿嗎？很難說，但這也不是我能決定的事，一切都看編輯怎麼評估。不過，就算你缺乏相關經歷，也別拿「沒經驗」當藉口；如果你已是經驗豐富，則不妨主動出擊。打個比方，就算是位高權重的統治者，手握龐大權力，也總得和外界互動，才能打破疆域，將影響力伸入境外。

以下是我用推特找上編輯的方法：

1. 登入www.twitter.com。
2. 決定自己想找哪些出版社合作。
3. 在頁面右上角搜尋列輸入出版社的名稱。（圖A）
4. 得到搜尋結果。（圖B）

5. 記下編輯的電子郵件地址。
6. 追蹤編輯的帳號。
7. 研究一下他們的作品。
8. 轉推他們的推文。
9. 查看他們的LinkedIn頁面。
10. 寄電子郵件給這些編輯。

如何成為媒體寫手

決定自己想替哪些出版社寫稿，並提出理由。

詳閱出版社的投稿須知。

準備一份未曾公開的原創稿件，並且要符合投稿須知的要求（非必要，有的話更好）。

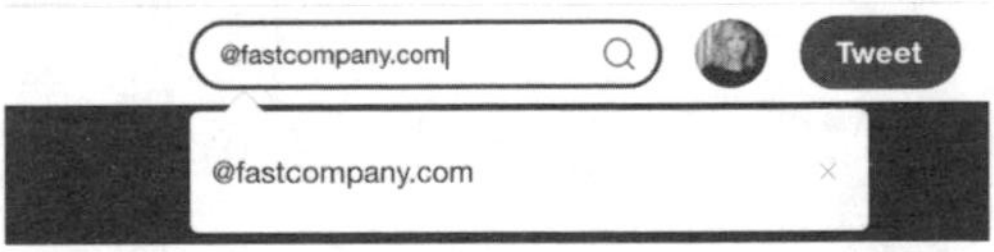

圖 A

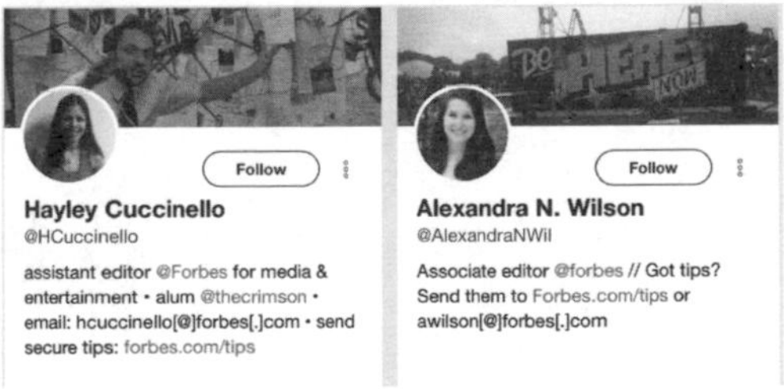

圖 B

依照出版社要求的方式投稿。
如果投稿後幾天還未收到回覆，請開始寄訊息給他們的編輯。
用Excel工作表記錄提交的內容和回覆情況。

經營關係，走向成功

人際關係也是經營個人品牌的一大難題，差不多對一切成功都有舉足輕重的影響。何以見得？因為別人會根據專業和人脈評斷一個人可不可靠，所以你得兼顧專業能力與人脈，以下正是你需要好好經營的關係：

- 過往效力過的公司與雇主
- 你發表文章的部落格和媒體
- Facebook上的好友
- LinkedIn上的人脈
- 推特上追蹤或@messaged的對象

- 曾經在文章中提及你的人，或你曾提過的人
- 你的親人、朋友與認識的人（不論關係好壞）
- 曾就讀的學校與母校校友
- 過去與目前任職的公司
- 曾擔任志工、公開支持或捐款的任何機構
- 社群或專業組織
- 所參加的非營利機構與委員會

建立一些人際關係，聽起來不難，是不是？你和誰往來，會決定別人怎麼看你。不過，想在數位時代經營人際關係，還有個問題：數位化的人際關係影響甚鉅，遠超出大多數人的想像。哪些人想和你建立關係，以及別人對這些人的看法，都對你有極大的影響。你認識什麼人、搜尋你的資訊可以連結到哪些人、你在社群媒體上和誰往來等等，都是建立個人品牌的關鍵。不僅要善用策略來建立人際關係，也得好好整理資訊，讓別人能一眼看出你和哪些人有交情。

在建立人際關係這方面，有一點很有意思：只要有一個良性的連結，便可能

改變整個人際網絡。你不必自己搭上最有影響力的人，只要認識能影響這個人的另一個人即可，之後，你便能輕鬆擁有一整組新的人際關係，而且那個最頂層的人也會變得觸手可及。

多做義工，累積人脈

每次有人說我做不到某件事，或者無法勝任某職位，我都會去找個非營利組織，這個組織不僅要有評鑑制度，也得正好在我想鑽研和精進的領域需要協助。「證明自己」最好的方式就是親身嘗試，只不過實踐機會往往很難得，花錢也買不到，擔任志工正是個不錯的切入點。沒人想聽你吹噓自己「認為」多強或多有能力，所以為了得到別人的正面評價，就讓他們親眼見識你的能耐吧。

所以說，隨便找個地方做志工就可以了？錯。請找一些可以為雙方創造雙贏的機構提供服務。擔任志工時，務必盡心盡力，之後也別忘了向他人提起這些經歷——這不僅為了你自己，也為了推廣這些機構的理念。不必因為求取回報而有罪惡感，只要別登記了志工服務，然後又愛做不做，這才會在個人品牌故事裡留下不良紀錄。

可尋求志願服務機會的資源

» www.volunteermatch.org
» linkedinforgood.linkedin.com/programs/linkedin-members
» www.idealist.org
» Google（搜尋「我附近的志工機會」）

獲獎事蹟——每個人都需要來點肯定

若在某方面的能力或成就得到認可，會給個人經歷和個人品牌大大增色。累積一些得獎事蹟，可讓別人心目中的「你」地位大有提升。以下是一些例子：

» 入選媒體評選名單，比如《富比世》「全球權勢榜」、「全球優質追蹤對象」以及「十一位專家的專業建議」
» 當月最佳員工
» 學業表現在班上名列前茅
» 獲得一些傳統獎項，如諾貝爾獎、葛萊美獎、奧斯卡獎等
» 獲頒學術類獎項

- 地方獎項
- 任何能證明你在某領域堪稱鳳毛麟角的證明

關於得獎，有一點必須留意：你會不斷成長，或者轉換跑道，那麼過去某些得獎紀錄也會貶值。比方說，高中一年級時，我也得過戲劇比賽的最佳女演員獎，雖然深感榮幸，但這個獎對我現在發展的方向沒什麼助益。不論在哪個階段，都要專心追求當下的目標，若過去的成就和新方向關聯不大，則切勿留戀昔日光榮。

頒獎也是門生意

頒獎這回事也有荒腔走板的一面，有些獎確實旨在褒揚，有些卻是基於政治因素存在，甚至還有些獎根本子虛烏有。想想看，若某人或某公司聲稱得到某某媒體認證，你會特地去求證嗎？假如他們把那些媒體的標誌登在自家網站上，有誰會三不五時就去檢查真偽？一旦發現可疑的獎項，請勇於發聲，向世人說出真相。

就在幾年前，有位曾給我諸多指導的同事提名我進入《洛杉磯商業周刊》（Los Angeles Business Journal）女性高峰會：新興之星獎。最後我入圍了，倒不是獎本身找上門，而是有賴我敬仰的人肯花時間深思熟慮，才決定提名我。雜誌社的頒獎小組寄了封電子郵件給我，通知我得到提名，當時我興奮不已，便做了件大家都會想做的事：上網搜尋評審資訊、得獎條件，以及過往得獎名單。

我費了些工夫，卻查不到任何有關獲獎資格或評審的資訊，只查到之前有哪些人得獎，但這些人之間也是毫無共通點可言。我只好假定，這個獎大概都是這麼做的吧。

過了幾天，我又收到第二封信，請我任職的公司分擔頒獎典禮費用，每位參加者的入場票是一百六十五美元。身為被提名人，我可以免費入場，但其他同行者都得乖乖買票。當時我覺得有些困惑，不過既然公司有經費，我們便替陪同參加的人都買了票。

到了典禮當日，我一到場便張口結舌，因為來參加的人比想像中多得多，會議手冊更令人傻眼。手冊上印了全體獲提名人名單，每個人還得到一朵玫瑰與一杯香檳，之後大會讓我們排隊和頒獎名冊合照（但是拍照的燈光簡直慘不忍睹）。放棄了大半天的工作時間，早上七點跑來這裡任人擺布，讓我非常不耐煩。我和同行的同事在會議廳吃了點東西，聽了幾場演講，等待重要時刻來臨，最終，主持人開始逐項唱名並公布得獎人，我入圍的那個獎是第一個頒的。

結果在主持人唱名完畢後，七十名提名者只有五位得獎，不禁令我失望透頂。在場所有提名人當下大概都恍然大悟，整場頒獎典禮只是這家雜誌社斂財的名目，決定入圍和獲獎名單的方式，八成也是基於政治因素。之所以把我們集結來此，只是想從提名人的社群媒體發文博得曝光度。一時間，我十分困窘，同事也替我感到不值，離開會場後，我也儘量不再想起有這回事。

幾星期後，新一期《洛杉磯商業周刊》寄到了公司。我部門的經理（就是那位提名我的前輩）把我叫進辦公室，問我看過當期雜誌了沒有。在雜誌上刊登的個別獎項獲獎名單底下，有一則廣告占了更大的版面，寫道「特別肯定辛西亞．強森：強勢入圍『新興之星』」。他在列出所有得獎人的這一頁上弄到了一則廣告，藉機幫我宣傳一番！

我這時才理解什麼是真正的認可：有人關心你，看重你，你也在乎對方的看法，而這些人還認可、欣賞你的成就，為你喝采。

所以，如果你遇到類似的事情，也別因此棄如敝屣，即便還有一百人跟你入圍一樣的獎，也不妨大方宣揚。不管實情如何，你就是得到了某種肯定，也總有人會認可這樣的成績。只要這些事蹟和你努力的方向有關，就大方發貼文和分享，善加利用。反正，頒獎給你的單位也想藉由你的人際關係撈點油水，否則何必大費周章？你當然也能反過來拿點好處，不過是各取所需罷了。

5

建立品牌訊息，累積數位資產

不論你做什麼，個人品牌訊息都會影響你的做法。每次不確定是否該做某件事，不妨回頭看看當初寫下的品牌宣言，尋求方向。「品牌宣言」是你念茲在茲的初衷，一切對品牌的想法都濃縮於此，不僅反映你的現況，也指出你極力發展的方向。個人品牌宣言的最佳實例是總統大選口號，其往往同時展現出個人價值與未來願景。這不是隨口瞎掰的，總統大選中，成功的競選口號可傳遞出候選人中心訴求、政治熱忱與施政藍圖，從而令他們脫穎而出。

過去有些大選使用的口號，在今日聽來不怎麼吸引人，不過，這可歸因於世代差異，畢竟從前溝通的方式與現在有別，但總而言之，任何口號一定都會清楚傳達出候選人的個人品牌理念。

希拉蕊（Hilary Clinton）於二〇一六年競選總統時，提出「築橋不要建牆」，此話實是肺腑之言。她的先生，前總統柯林頓（Bill Clinton）也表示過期望能多建立橋梁，而非加深隔閡。柯林頓一九九六年尋求連任時，遇到的對手為杜爾（Bob Dole），當時柯林頓昭告天下，說他會「修築一座連接二十一世紀的橋」。現在，就來看看當年大選的競選標語：

杜爾：這個人會讓美國更好。

柯林頓：建一座橋，通往二十一世紀的未來。

高下立判，對吧？當然是對選民描繪藍圖的那句話更好，大選口號要一語道盡候選人提出的施政規劃與共同願景。杜爾將自己敘述為「會令美國更加美好的人」，暗示他是某種形式的英雄——不過，有英雄情結的人通常不是太討喜。反觀柯林頓，競選口號透露出的訊息比較抽象，是立下目標，展望未來。如果這也算是個人品牌宣言，那麼他就能藉此輕易吸引眾人關注，聽他有什麼話說，競選起來自是游刃有餘。

讓我們倒帶一下，再往前回顧一九九二年大選，當時柯林頓更是大獲全勝，這有一部分要歸功於競選對手的口號不堪一擊，這裡以佩羅（Ross Perot）為例。

柯林頓：不要停止展望明天。

佩羅：佩羅老大一把罩。

柯林頓選擇化用佛利伍麥克樂團（Fleetwood Mac）的歌詞，表現出自身性格，並傳達他對未來懷抱希望。佩羅又說了些什麼？他就想當老大，好像他要這份工作只是為了逞威風，想當然耳，沒幾個人會喜歡。想像一下，假若他們實踐這樣的個人品牌宣言，不論做決策和說故事都以此為本，那麼你會比較喜歡想和誰當朋友，或雇用哪一位當員工？或者，假若你得困在洛杉磯機場六小時，到酒吧去喝一杯消磨時間，和哪位攀談會比較吸引人？

再來看看二〇一六年大選，這次可真是把個人品牌的觀念帶進主流了。

川普：再造偉大美國。

希拉蕊：我與她同在。

說到經營個人品牌，川普可真是箇中好手，我不清楚他私下的品牌宣言是什麼，但如果以「再造偉大美國」這句話來說，目標就相當明確。另一方面，希拉蕊卻沒有呈現清楚的品牌訊息，她的口號讀起來自我中心又重點不明。「我與她同在」從語法上也說不太通——如果你也是個「她」，這個使命不就自動完成了？

設定個人品牌宣言時，最好簡短、單純、明確且可行。要有足夠意義，不僅在競選活動這類情境能喊得出口號，自己也能真正相信這些內容，足以抱持信念，走向勝利。

個人品牌口號未必要獨一無二，只需自己能相信就行。雷根（Ronald Reagan）當年的競選口號是「我們能再造偉大美國」，川普競選時，則只用了「再造偉大美國」。歐巴馬（Barack Obama）喊出的「是的，我們辦得到」，其實和過去小布希用的「沒錯，美國做得到！」有點雷同。所以，想打造冠軍品牌宣言，只要記得，立場不重要，沒有哪邊一定贏，真正重要的是你如何自圓其說，能給品牌宣言一個漂亮的解釋。假若品牌宣言可行又明確，就能成為驅動個人品牌進步的動力，為你的品牌故事畫龍點睛。

我的個人品牌宣言是：「開創改變平台，世界從此不同。」現在，來寫你自己的個人品牌宣言吧，請思考下列問題：

你的利基市場在哪？你想成為哪方面的意見領袖？

在你的利基市場中，哪些人已經建好個人檔案或個人品牌？

你要如何定位明確，又獨一無二？

誰會需要認識你？為什麼他們該關心你是誰？

目前能替你宣傳的意見領袖怎麼看待你？（如果不清楚，就去問問他們）

你的品牌基調是什麼？是搞笑、直接、讓人有共鳴……

建議別人之前，先說說自己的故事

經營個人品牌的工作之一，是不假他人之手，自己的故事自己說。你當然想成為自己最強大且最能說服人的擁護者，而在現今這個年代，多數人從來沒機會替自己說話辯解，因為很少人會直接向別人查問底細，就怕引來太多注意。我們通常會上網搜尋對方的資訊，用找到的資訊來判斷對方是什麼樣的人。

假如反過來主動出擊，其實一樣行得通。若想加入某個社團、錄取某間學校、應徵上某份工作、為公司找來顧問，甚至想受邀參加私人派對，你在網路上的形象都可能影響結果。你跟別人說的是一回事，他們在網路上看到的卻是另一回事，那可會在不知不覺中危害你的生活。

不妨以下列例子為借鏡：假設我想為手上的大官司找律師，而你是最適合此案的律師。你是哈佛校友，出庭辯護無往不利，戰功彪炳，可是我一看你的

LinkedIn帳戶，竟然只有五十條人脈，Facebook動態上找到的一張相片，裡面你正在卡拉OK飲酒狂歡……這樣我還是會懷疑你的履歷到底可不可靠。

你應該要從可訴說的個人故事中，呈現最好的版本，才能打動那些上網搜尋你的人。假如有些事你不好放進履歷，或是有些照片你不想放在家裡展示，那最好也別放上網了。

這個策略並不是要你讓自己看起來很假。履歷和客廳裡擺的相片，正好展現一個人最重要的兩個部分：事業與個人珍視的時刻。兩者也都說明了你如何規劃生活，最能解釋你是什麼樣的人。

如果你不是整天掛在社群媒體上，也不要緊。務必好好設定帳戶，再三檢查安全設定，然後就大可放著不管。要是你很愛玩社群媒體，請多留意公開的內容，五年前的你（更別說十年前的你）可能和現在判若兩人，所以請記得更新舊內容，就像你也會不斷更新履歷，換新相框裡的照片一樣。

方便編排品牌訊息的線上資源

可用的資源或許會不斷更迭，建議先查看網站內容，確認有無更新。

可增進數位敘事能力的網站與應用程式

shorthand.com：漂亮說出數位故事

flourish.studio：善用視覺化，用資料說故事

hemingwayapp.com：大膽寫作，清楚表達

grammarly.com：改善文法與拼字

寫作工具

copyscape.com：檢查是否有抄襲疑慮

headlines.sharethrough.com：下標題更有技巧

cliche.theinfo.org：過濾文章裡的陳腔濫調

尋求專業資源

scholar.google.com

sources.npr.org
expertisefinder.com
theglobalexperts.org
womensmediacenter.com

事實與研究

embassyworld.com：查看全球各地的大使館
projects.propublica.org/nonprofits：搜尋非營利組織的財務資訊
highbeam.com：查詢文章、雜誌、學術論文
city-data.com：尋找城市統計資料

政治

openstates.org：查詢政策與決策者
opensecrets.org：查看政治獻金來源
darkmoneywatch.org：查看匿名政治獻金
popvox.com：查詢、支持或反對要送交國會的法案

趣味資訊

ctrlq.org/frst・查看哪些人的推特最快分享某事某物

content.time.com/time/magazine/coversearch・搜尋非常期的《時代》雜誌封面

radio.com・推出自己的線上廣播節目

interviews.televisionacademy.com/interviews・尋找過去的電視訪談內容

建立線上資產

不可否認，一步步建立社群媒體的個人檔案和線上社群，過程真是說不上多有趣。如果只會手動操作，可能曠日廢時，結果往往就會丟在一旁，再也不願去想。這種方法完全不對。這是為個人品牌打基礎的工作，如果這麼基本的部分都不想去碰，之後會更步履艱辛。

請參考我的建議一步步打下良好基礎。首先，在開始建立線上個人檔案時，先好好考慮要用什麼名稱。最該做的第一件事就是雇個人來做最初的稽核和清理的工作（可以從Upwork和Taskrabbi徵才），因為這些工作太枯燥乏味，不如交給別人代勞。總之，不論請人代勞或自己動手（再次強調，我不建議自己來），你都得搞懂自己要找些什麼，還有該做什麼事。

第一步是取個名稱，或改編一下自己的名字，好用在所有或多數的社群媒體上。你應該不想費事到各個社群網站，查詢自己的名字是否可用，那可太麻煩啦。可以善用Namechk或KnowEm這類網站，查詢是否已經有人註冊你想用的名稱，並用這些名稱同時註冊所有網站的個人檔案。當然，不是所有帳戶你都會經常用到，但說不定哪天突然想好好經營，不妨備而不用。只要搶先註冊，就能一勞永逸，這一點非常重要。

Namechk的工具可以查詢想用的名稱，它能搜尋數百個社群網站，列出哪些網站還能使用這個名稱，哪些網站已經有人註冊。

KnowEm的功能和Namechk大同小異，不過還能搜尋網域，查看有哪些網域可以使用你心儀的名稱，也能核對美國專利及商標局（United States Patent and Trademark Office）的資料庫，確認這個商標是否有人註冊過。

要是你有心自行架設社群媒體網站，又不想使用KnowEm，那請務必確認你的名稱可以在下列網站使用：

About.me	Product Hunt
AngelList	Reddit
Facebook（個人帳戶）	SlideShare
Instagram	Telegram
LinkedIn	Twitter
Medium	WordPress
Pinterest	YouTube

購買網域名稱

你應該給自己的品牌建個網站，而網站也得有個名稱。可善用whois.net、Check-Domains.com、GoDaddy或Instant Domain Search等網站，查詢有興趣的網域名稱是否還能使用，如果已經有人註冊，也能得知註冊者是何許人也，若是有意購買網域名稱，便可設法聯絡對方。

若能購買以自己的真實全名設定的網域名稱，該是最理想的了，以我來說就是cynthiajohnson.com，不過要是像我一樣有個菜市名，這種網域名稱大概早有人使用，或者要價不斐。另外，個人品牌網站最好購買.com的網域，千萬別選.org、.net、social或任何看起來太俏皮、太高級的名稱。

如果你的名字已經有人用了，那就稍微變化一下，但盡可能簡單明確。別忘了，網域名稱至少要有一部分包含你的名字，否則就失去經營個人品牌的意義。

決定好網域名稱之後，可能得花錢一併買下.net、.co和.org的網域，免得其他人也用一樣名稱，也能替你預留選項，哪天有需要便可派上用場。假如這些網域名稱都無法使用，也不必太擔心，畢竟這只是額外保障，做不做都無傷大雅。

若果真買下其他網域，也請記得讓這些網域重新導向.com的那個位址，比方說，使用者輸入.net的位址時，便能將他們傳送到.com位址，殊途同歸。

我為什麼選了Cynthialive.com

我在數位行銷領域找到的第一份實習是Live Citizen。這家公司的網站也是個網路社群，主打公民新聞與政治民調領域。因為當時我代表Live Citizen在外活動，所以推特名稱便用了@cynthialive。當時實習內容是替公司寫部落格記錄網站現況、管理公司社群媒體，並使用@cynthialive這個名稱來吸引更多使用者。因為政治方面的新聞報導很常引用推特上的內容，若經營政治議題的網站，推特就是很值得耕耘的地方。

後來，Live Citizen網站關閉了，我還是沿用@cynthialive當作個人的推特名稱，因為@cynthiaj和@cynthiajohnson都已經有人用了。之後，我準備買下個人網站的網域名稱，發現cynthiajohnson.com雖無人使用，卻已屬某人擁有。我便聯繫網域名稱的主人，對方開價兩萬美元（那可是二〇一〇年的事），我沒這麼多錢——也不想花這麼多錢，只好作罷。

最終我決定使用cynthialive.com，也好吻合推特上的個人資訊。若打算使用自己的網域名稱，就別擔心用不了內心的首選，你只要發揮創意，總能想出一樣好的新組合。

架設網站

買好網域後，下一步是架設網站。有幾個方法可以選擇：假若缺少相關經驗，可以找Wix、Weebly或Squarespace這類的公司，用他們的範本來架設。這不算是很理想的選擇，因為總比不上自己推出原創設計，但起碼還堪用。

另一種方法是用WordPress範本，不過請記得選wordpress.org，不是wordpress.com。前往www.wordpress.org下載WordPress，然後安裝到網站主機。可以參考我在cynthialive.com/platform寫的逐步說明來架設自己的網站。

你也能尋求專業的網頁開發人員協助（比如在Upwork等外包網站找人），這樣做雖然比較花錢，卻也能做出最好的網站。

網站上該放些什麼

如果不打算在網站上賣東西賺錢，就沒必要拉長版面，布置得像傳統的部落格。你可能每隔幾週就需要發文（當然是寫些與主題相關的內容），頻率可參考我提供的個人品牌部落格撰文時程，一樣請到cynthialive.com/platform下載。

也別忘了放上一個「關於我」的區域，介紹個人簡歷、相關公司行號、得過的獎及平日興趣——也就是線上履歷的基本內容。你也需要開闢專區，列出登上媒體的紀錄，包括任何提到你的新聞、訪問過你的部落格、客座執筆的網站、發布過的Podcast等等（注意，不限於主流媒體刊登的內容）。

接下來這一步尤其重要：請依據你的偏好，在網站上標明合作方式。或許你只接有報酬的演講或受訪，又或者只要事業能直接受益，你並不介意進行無償合作。

這個區別很有用，可幫助你分類及篩選新上門的機會。起初，看起來沒什麼太大好處，但隨著名氣漸長，你會更不容易管理時間，所以多點效率更好。如果有人找你上媒體或演講，你又沒有發言人幫忙處理，可參考以下兩種應對方法：你大可自行回覆所有電子郵件並親自協商合約條款，或者建立另一個電子郵件地址（比如media@你的網站名稱.com），專門用來和客戶聯繫，更方便報價和商談理想費率。

另外，也要準備「聯絡資訊」的頁面，如果別人找不到你，就無法發揮架網站的好處了。可以設立一個聯絡用電子郵件，格式為：你的名字@網站名稱.com。以我為例，我用的是cynthia@cynthialive.com。如此設定，比起Gmail或其他電子郵件提供者的地址，看起來更專業，也比較好記。

認識機會類型、期望未來發展，並為機會做好準備

有利於個人品牌的機會有很多種形式，但有些可能乍看也看不出來。建議把重點放在品牌四要素上，並清楚區分，在品牌演進的不同階段，你可能需要在特定領域尋求更多發展機會。

除了架設網站，也需要建立媒體資料盒（譯註：media kit，指發給媒體的資料組合，通常包含聯絡資料、簡介、新聞稿等）、拍大頭照，並準備簡短的個人簡歷（約三百字），也要準備詳盡的版本。如此一來，當新機會上門時，就能輕鬆交出對方要求的資料。你也可以將這些內容製作成三份簡報，以條列大綱的方式呈現，方便傳送和閱讀。同時也得好好了解你能接觸到哪些人，以及希望接觸的對象，可以在適當的時機主動寄送資料。

品牌不會一成不變，你也不會原地踏步，所以在特定領域多加進修與吸收新知，會更形重要，這也能累積你的個人能力證明。能力證明有很多種方式，包含修習課程、在利基市場主題活動中建立人際關係，或者從希望發展的領域下手，尋找先你一步進入這些領域的人，和他們攀談，甚至乾脆尋求外派機會，前往世界另一

個角落。

自動自發去做一件事，就是一種證明自己的方式。拿實習來說，擔任專案助理可以學習新技能，或在某個領域設定與完成目標，等到往後實際進到這個領域工作，就已經有了資歷可供證明。把握這類機會，不僅能獲得新知並培養自信，還能在尋求發展的新方向牛刀小試，看看新興趣是否禁得起考驗，或者只是三分鐘熱度。

有些課程對建立品牌頗有助益，比如講稿寫作，以及針對演說與協商的神經語言程式學（neuro-linguistic programming，ＮＬＰ）課程。我自己是在即席表演的課程獲益良多，了解累積豐富知識的重要性並培養敏捷思維，可說大多數管理品牌的技巧都是在這裡學到的。

你也能尋求他人開導、參加免費工作坊，並找一些無傷大雅的機會來測試自己的能力，即便有負面影響也能把衝擊力道減到最輕。自行舉辦座談會，檢驗自己是否能應付更大的場面。加入一些社團與組織，參與為成員舉辦的活動，藉機練習面對人群與鏡頭發言。

獲取個人能力證明的幾個管道

進修

Coursera

線上學習網站Coursera提供多種課程，涵蓋不同主題，大多收費低廉，有部分課程也完全免費。不妨善用Coursera打造並行銷自己的線上課程平台。

Curious

使用Curious則可每天提供腦力鍛鍊活動，每日都能學習新知，一年收費六十九美元。

Lynda（現為LinkedIn Learning）

Lynda.com由LinkedIn收購之後，LinkedIn又被微軟收購，目前更名為LinkedIn Learning。這個網站提供的課程都經過專家編輯與建立，授課教師也皆由Lynda

篩選過。月付二十五美金，就能盡情瀏覽所有課程內容。

Sitepoint

依據註冊時間不同，Sitepoint提供不同月費方案，最低只需五美金，便可使用所有課程。Sitepoint的課程主要為數位行銷、搜尋引擎最佳化（SEO）、WordPress、設計與JavaScript等領域。

Skillshare

這個網站提供的Pro版或團隊版方案價格非常實惠，從免費到每月十五美元不等。Skillshare的課程也很多樣，從設計、網頁程式開發與商業，到廚藝及娛樂都包含在內。

Udemy

Udemy是近年成長快速的線上學習網站，每個月都新增成千上百的新課程，不過他們的課程也稍貴一些，每門課可能收費十美元至五百美元不等。

社交活動

- Meetup
- Eventbrite
- Facebook
- Eventful
- Google（搜尋「我附近的社交活動」）（編按：讀者亦可使用人脈、興趣社群等關鍵字進行搜尋。）

社會認同——總在意料之外

若說有什麼卡在你和你的理想之間，那便是社會認同。贏得社會認同的機會往往隨機出現，就算你還自認不足，也得加以把握，以免錯失良機。

有一次，我接下菲律賓某教育委員會的演講邀約，後來因故無法前往。我是活動的榮譽嘉賓，也是唯一的國際講者，因此這對主辦單位來說相當頭痛。後來，我沒用視訊的方式參加，也沒把問題丟給主辦單位煩惱，而是設法問了幾個熟人能否代勞，因為我知道他們也正尋求出國演講的機會。

其中一位接受了邀約，另外幾位則表示恐怕準備不及而推辭。我問那位答應的人，為何願意接受這個臨陣換將的差事（而且分毫未取）？他回答，因為往後就能在經歷上增添一筆，所以就算得重新調整行程，他認為也相當值得。

這是個最為誠實且直覺的答案。帶給我最多回饋的活動與機會，往往正是那些臨時接替別人的機會，通常我也自認準備不足，或者得立即決定，最後卻常收穫豐富。

社會認同說起來不是很容易獲得，因為我們總得先做些自己不願意做的事。不過，往往就是做了才能換取「做想做的事」的機會，所以眼光要放遠，不能只看到眼前這場活動或當下這一刻。

至於最容易錯失的機會，就屬參加社交活動，建立人際關係了。建議你打起精神參加活動，在幫得上忙的地方提供協助，有時甚至連自己想做的事，若相較之下不那麼值得投入，也得忍痛放棄。把握參與某事的機會，對你的事業與人生發展都會有幫助，如能快速推動到下一階段，當然值得一試。

可拓展人脈的組織

若你願意投入時間與金錢，不妨參加幾個社團與組織。以下是一些適合加入的組織，可供參考（也許不是每個人都適合，但不失為好的範例，可以參考這些組織類型來找尋適合自己的選擇）。

美國行銷學會（American Marketing Association，AMA）

你可以付費加入美國行銷學會的地方分會，以便參加他們的活動、撰寫業界觀察報告，然後在履歷上附上相關經歷。

創業家協會（Entrepreneurs' Organization，EO）

創業家協會擁有全球人際網路，旨在鼓勵創業人士，從彼此知識與經驗中相互學習及成長，藉以提升他們獲取成就的能力。

富比世委員會（Forbes Council）

想為《富比世》撰稿嗎？或許，你有資格加入富比世的某個委員會，比方說財務委員會、代理委員會、業務開發委員會與人力資源委員會。可以提出申請並支付一千兩百至一千四百美元的年費，好加入委員會，認識裡面的人，並進入「富比世委員會」的Facebook群組，獲得定期幫該雜誌寫稿的機會。這些委員會的組織仍不斷發展，有時會遷移據點，不過成員不會有太大變動。

常春藤（Ivy）

「常春藤」是個社會組織，每年收費一千美元，可參加活動、舉辦網路研討會，並結識組織內遍布全球各產業的成功人士。

千禧年聯盟（The Millennium Alliance）

這個聯盟是科技、商業與教育領域首屈一指的顧問公司，成員包含《財富》雜誌評選千大企業執行長，核心領域包含業務轉型、執行長培訓、企業成長、政策事務與需求分析等，我自己也參加了他們的顧問委員會。

偉事達（Vistage）

偉事達提供執行長與企業交換點子的機會，協助他們提升並帶動業務成長。該公司顧問人數超過一萬八千人，每年舉辦至少一萬六千場活動，提供相當多的交流機會。

青年創業會議（Young Entrepreneur Council，YEC）

青年創業會議也採會員制，加入後就有機會替《富比世》、《哈芬登郵報》、Business.com與其他幾家媒體撰稿，或可能獲得媒體報導、與其他創業家建立關係、參加活動等等。該組織年費為八千至一萬兩千美元不等。若希望加入，需為至少一個組織的創立人或合作夥伴，且組織年收益或收購價格達到一百萬美元以上。

除了以上組織，還有許多類似的機構與非營利組織可加入，藉以拓展人脈並增加業務機會。某些組織的會費聽起來昂貴了些，不過考慮到自身特殊與特定的目標，付點錢也算值得。

獲得認可的機會

談到為何會錯失機會，很多人犯的最大錯誤就是認為機會太微小，不值得把握。沒有所謂微不足道的機會，只要能獲得認可，任何機會都有價值。不論是在Podcast中受訪、有人在部落格文章提到你、小型地方社群組織與活動所頒的獎項，無一不是成就。去領獎或受訪都花不了多少時間，再說，迎接一些分量較小的機會，正好能為分量更大的機會做練習和準備。

請爭取各種機會，並將這些經驗轉化為可提出的資格證明，好為你的品牌打下穩固的網路經營基礎。

尋求認可機會的好所在

造訪下列網站，尋找發言、Podcast受訪與申請獎項的機會。

awardshub.com

提供配對服務，可將你本人和貴公司配對到適合的獎項，並協助提交申請。

listennotes.com

提供Podcast搜尋引擎服務，可尋找不同主題或先前來賓，並連結到來源網站，好聯絡上Podcast主毛遂自薦，向對方提議讓自己受訪。

speakerhub.com

可用此服務建立講者個人檔案，並申請成為未來講者，或尋找活動需要的講者。

speakermatch.com

可用來建立個人檔案，而且這裡的儀表板很不錯，很方便管理講者申請。費用從每月十美元到每年八百美元不等。

線下經驗也能放上網，為數位品牌錦上添花

我認識的人中，很多都有主辦與受邀參加活動的經驗，也曾到世界各地洽公，但他們身邊的人往往對這些經歷毫無知悉。假如你得了個獎，卻沒有人知道，那和沒得過有什麼兩樣？不論參加活動或課程，都可以和裡面的人拍張照，再發布到社群媒體上，這可不難，所以就做吧。

我還喜歡另一種做法，在活動快結束之前，才到社群媒體上打卡。這可讓追蹤我的人知道我來過這個活動，而且等到離開時才打卡，也能避免讓人掌握行蹤（比起一到某地就打卡，這麼做比較安全）。此外，這時你多半已經有可用在貼文的照片，這樣就不必再發一次文。

我喜歡在Facebook、推特和Instagram打卡。如果是搭機旅行，我會在準備登機時打卡，而打卡地點則標註為目的地的機場；如果是到某場會議演講或主辦活動，我就會早點打卡，並標註好友。

以上的方法都很簡單，就算你是個大忙人也能充分利用網路，分享自己做過的事。要是你不愛在社群媒體上打卡，那就等活動之後再發文，並記得標註其他與會者、主辦人，以及任何贊助商或講者。

在社群媒體上，什麼樣的品牌形象才算發揮作用？

如果個人品牌形象能呈現出你從事著有趣的事、展現你本人有趣的一面、擅長的領域（例如演講或受訪）、和哪些有意思的人來往，或者能展現出你的日常生活方式，同時傳遞出強而有力的正面訊息，正是發揮最大效用的個人品牌訊息。

不論是標註他人的合影，或者能打卡的活動照片，都是最適合上傳的選擇。參加活動時，記得找人合照。別害羞，畢竟大家參加活動，就是要接觸人群的。如果你擔任講者，就大方讓別人和你合照，這也是一種演講的樂趣。

要確認線下經歷是否能和線上形象相連結，還有一種辦法，就是和參加活動的人建立關係。活動之後，你便可以大方送出LinkedIn邀請，寫道：「我們上次在〔活動名稱〕沒機會認識，但我們可以先在這裡建立關係，之後再安排時間見面聊聊。」

大家都喜歡得到關注，特別是參加這幾類活動的人，會議也好，相見歡（meet up）也好，都是在尋求志趣相投的人，讓自己的人際關係更容易向外拓展。

6

流言滿天飛

謠言最討人厭了，特別是當你本人的名聲（也就是你的品牌）捲入其中，身處暴風中心。謠言浮上檯面時，會發生什麼事？一開始，可能是有人傳錯話，有人聽錯了，有人不爽，或者某人故意放出假消息，結果一傳十，十傳百。流言蜚語傳得滿天飛，難道會有什麼好處嗎？

我原本尋思，散布謠言這種常見的行為，應該可以從行為科學獲得合理的解釋——我算是猜對了一半。小羅斯福總統任內的美國政府開始關注謠言問題，因為擔心戰爭的假消息氾濫，進而影響大眾對美國與美軍的看法。此種擔憂其來有自，因為此時德國與其他軸心國盟友正極力製造謠言（多藉由不知情的普通人口中散布出去），以心理戰攻勢，意圖營造社會恐慌與混亂，影響戰情。[8]

一九四二年六月，羅斯福總統還簽了一份行政命令，成立戰時情報局（Office of Wartime Information）。戰時情報局的宗旨就是減緩假消息的散播速度，並促進「正面」資訊流通。該局的部分策略是成立廣播電台，也就是「美國之音」（Voice of America，自一九四二年營運至今），並推行「闢謠專案」來力抗敵方滲透不實訊息。

闢謠專案的一項措施是經營「闢謠診所」，設置於全美各地大學，並徵選一群學生與教師來負責管理。這些志願師生的工作就是解讀媒體與新聞內容，將資訊回報給戰時情報局。當時選定八個地點設置闢謠診所，其中之一為波士頓，並由心理學家克納普（Robert Knapp）主持。

結果，戰時情報局與社會科學家的合作宣告失敗，因為前者希望診所聽命行事，科學家卻屬意遵照自訂的原則進行研究，兩邊根本合不來。克納普當時與另一位知名心理學者奧爾波特（Gordon Allport，也是克納普的老師）共同擔任戰時情報局顧問，兩人老早和《波士頓先驅報》（Boston Herald）合作成立自己的闢謠診所。他們會揭露每週最惡質的謠言，交由報社刊登於頭版，再讓記者加上評論與批判。

二戰結束後，奧爾波特又與同行的波斯特曼（Leo Postman），根據闢謠診所的研究，出版了一本題為《謠言心理學》（The Psychology of Rumor）的專書。[9]他們將謠言定義為「在缺乏證據支持的狀態下，對特定（或當前）議題主張某種看法，在人與人間逐一傳播，通常為口述轉達。」

以下列出幾項兩位心理學家發表的研究結果：

謠言是以口頭散布。

謠言會提供有關人物、事件與事物狀態的資訊（狀態即某事或某人周遭的情況）。

謠言可滿足特定人士或社群的情感需求。

謠言會很強調自身的特質，換句話說：「謠言是否切合我的需求，或者有我現在想聽的？」謠言的特質舉例如下：

- 這段口耳相傳的話，背後是否有媒體背書（TMZ網站是否也相信貓王仍在世？網站上有討論這件事的可能性嗎）？
- 謠言的內容是跟公眾人物有關，還是私人八卦（比方說：流言內容和令堂有關，還是和川普有關？這不是說令堂的事不具新聞價值，但有關川普的消息總會傳得更快更遠）？
- 大家在聽謠言和回應的時候，是否帶有感情（以「貓王是詐死」的謠言為例，這其實說進粉絲心坎裡，幫助他們理解他的死亡）？

由上可知，謠言依賴口耳相傳，需要額外的媒體關注來進一步散播，如果再添上一點令人動容的元素，這虛構的產物便會如野火蔓延，一發不可收拾。

另外，克納普也自行收集了各種各樣的流言，並根據內容分為以下類別。

如夢似幻的傳言

這一類基本是白日夢——我們都希望這是真的，但想也知道不可能。比方說：「星期五考試會取消，因為那天老師會生病不能來。」或者：「我是老闆的鄰居，所以不管怎樣都沒人敢炒我魷魚。」這些都是痴人說夢。

鬼影幢幢的傳言

這一類是以恐懼為本，多半有關鬧鬼、妖怪之類。大腳怪、澤西惡魔，或《X檔案》探討過的外星人題材，都落入這一類。

破壞和諧的傳言

這類傳言意在破壞某些人際關係與結盟勢力。實境節目《倖存者》（Survivor）中的一些策略就是很好的例子，或者像是惡意破壞他人友誼或婚姻的謊言，也屬於這一類。

克納普發現，內容負面的謠言散布的速度比正面的謠言還快。不過，我倒是遇過散布快速的正面謠言，有次我告訴媽媽，我要到社群媒體公司實習。「媽，你聽過社群媒體吧？就像Facebook那種。」之後我媽便告訴親戚，說我在Facebook上班。由於這是二〇一〇年的事，所以這個誤會讓我變成全家族的大紅人，直到多年後，有個堂妹問我在Facebook的工作如何，我才恍然大悟大家都搞錯了（所以，如果希望有人給你散布一點好的謠言，就多跟你媽聊聊吧）。

對抗謠言龍捲風

當然，提到謠言和謠言對生活的影響，不論是過去或當前的謠言，都有很多值得探討的問題，也可以研究一下如何抗衡謠言對個人品牌的負面影響。前面提到的心理學家奧爾波特和波斯特曼，便曾提出一道數學公式，歸納出謠言最基本的規律。

謠言運作的方式，以及分類的方式，幾位學者都已經告訴我們了，但我想知道的是，謠言究竟怎麼產生的？

美國公共廣播電台的《科學》（Science）節目曾推出一集Podcast：〈流言如何誕生？〉[10]，這一集邀請了兩位專家來賓，一位是迪方索（Nicholas DiFonzo），另一位是華茲（Duncan Watts）。

是誰開始的？

最簡單的答案是：任何人都有可能，每個人都在散布謠言。對此，華茲表示：「一開始傳出流言的人，不必是什麼特別的人。這聽來有點違反直覺，因為每當有特殊事件發生，比如情節離奇的流言，總會一夜之間傳遍全城或全國，甚至只是整個組織，這時你都會假想，最先散布謠言的人，一定也像謠言本身一樣奇特。可是，實際上不一定是這樣。」

根據華茲的說法，真正影響流言是否開始散布的因素，取決於人的社會網絡。社會網絡會連結不同群體的人，不論身處何地，謠言便透過這些群體——而非個人——擴大散布的範圍。

為什麼會有謠言？

這真是個大哉問。很多時候，謠言出現是因為資訊誤傳，又因為缺乏真正的資訊相抗衡而廣為流傳。迪方索便告訴聽眾：「要在一個組織內散布謠言，最好的方法就是什麼也不說，或者別透露太多，又或者說些反話。」

謠言和個人品牌有什麼關係？

有些事，你不會公開到網路上，也不會到處向人張揚，這些可比會公開和評論的事情重要太多了。現在，大多數人都會先上網搜尋對方的底細，再決定是否要碰面或者雇用對方，當然也有人純粹閒著沒事幹，以探查為樂。大家三不五時就被親友標籤在貼文中，公司也會把我們的照片放上網站，而現在人手一部手機，社群媒體和搜尋引擎又老早用起臉部辨識技術，不露臉根本不可能，就連手機都能掌握行蹤，可說走到哪裡都留下痕跡。

如今，想保持匿名幾乎難如登天，有時根本完全不可能。

若想在今日世界保有隱私和匿名，反而必須善用策略經營個人品牌，有技巧地介紹自己，切莫隻字不提。自我介紹的資訊越多，曲解的空間就越小，由此可見，提供正確資訊至關重要。

舉例說明，我採用的策略是只分享工作上有趣的事，比如提到我工作的新聞、文章，還有我因公參加的活動照片。結果相當驚人，我身邊幾乎每個人（包含我祖母）都不斷和我聊工作上的事。只有地理位置與我最相近的人，也是我有最多時間相處的人，才是少數知悉我私生活的人。

有些人平常難得見面，或者喝喜酒時才會碰上，當更新彼此近況時，他們會不約而同地表示，很為我的成就感到驕傲，並好奇我是怎麼辦到的。其實，比起一般的二十六歲年輕人，我當時也沒成功到哪去，甚至收入或事業都比大多數認識的同輩差了一大截，但是透過這個實驗，大家卻都以為我事業有成。

我訂婚時將消息分享到社群媒體上，很多常碰面的熟人都很驚訝我有交往對象。因為我過去在Facebook上只談工作——我真是分享太多有關工作的內容了，就連Facebook都以為我要不是個單身異性戀男子，就是單身的女同性戀。

抱持決心，只分享單一種類的內容，結果對我的事業有意想不到的助益。當大家都看見我是多麼認真投入工作，多麼喜歡分享有關工作的事，便認為我是這個領域的菁英。至於個人生活，完全保持隱密，讓旁人無從臆測解讀，不留下任何質疑專業能力的空間。

請真正的專家說兩句話吧

一旦缺乏足夠的正確資訊進行澄清，謠言便會廣為流傳。假新聞不新鮮，假專家也很常見，現在有能力創造和分享新聞的人越來越多，這才是新鮮事。

你也許曾在電視上看過或在廣播中聽過某人受訪，大談某個你自認頗有涉獵的議題，結果聽到一半，卻發現這個人根本是半調子，知道的比你還少。這時你會採取什麼反應呢？打電話給電視台，或找上電台節目主持人，告訴對方，他們應該請更專業的嘉賓才對？或者你會假裝沒事？如果聽到有人分享錯的專業知識，而你又是位真正的專家，什麼都不做的話，只會白白錯失站出來說話的機會。

只要看到或聽到不正確或誤導的資訊，而且來源是不太可靠卻自稱專家的人，或者不是假消息，但你提供的專業意見可以幫上忙，那就聯絡編輯、媒體、節目主持人或作家本人，讓他們知道內容印錯或說錯了。請你主動提供正確內容，並證明自己才是可靠的消息來源。一般來說，你如果有相關領域的專業，對方又願意傾聽，那麼他們應該會很樂意修正錯誤。

大多數記者不會刻意用錯誤方式呈現真相，但許多意見領袖卻被當成記者一樣信任，儘管他們提供的消息可能不盡然正確。因此，請大方提供自己的見解，並提供聯絡方式給媒體或記者，未來有需要時即可向你尋求相關領域的專業建議與評論。和新聞媒體合作一段時日之後，或許哪天就有機會獲得有酬撰稿機會。

簡言之，如果你真的是某方面的專家，請多多發揮自身專業，何必讓假專家專美於前呢？

如何和自稱專家的人一較高下？

要是你有意建立一個可靠的個人品牌，為自己累積權威地位，好破除偏見或打擊虛假資訊，那麼你得了解人是如何判斷別人是否可靠，以及判斷的依據。

很多受人認可的專家，常忘了自己的專業能力有多珍貴，要他們對外強調自己是專家，往往覺得很不好意思。千萬別落入這種思考，請好好珍惜你的專業。

若希望別人鄭重看待你的專業，並以此打造個人品牌，必須先重視自己，展現自己可靠的一面，多提供詳細資訊，不必留一手。

由蘭德公司（RAND Corporation，美國的非營利智庫公司，專為各國政府和團體提供調查研究與情報分析服務）發表的〈俄羅斯「謊言水帶」宣傳模式〉一文中，探討了人如何因周邊線索形成對他人的可靠印象。[11]

研究者表示，心理學認為外顯線索，例如對特定資訊來源與形式展現出外顯專業等，可引導人自動接受可靠來源所提供的內容。若一則訊息同時包含多種論點（即資訊過載情形），周邊路徑（peripheral route）便開始起作用，受眾因為自身缺乏處理全部資訊的能力或動機，便很容易接受。看來，周邊線索無疑是加強可信度的一條捷徑。

在網路世界中，周邊線索可視為一種普爾定律（Poe's Law）的型態。根據普爾定律，不論文章內容如何荒誕離奇，只要作者沒有在文末加上笑臉等表情符號，讀者就會照單全收，直接認定為真實（可靠）的內容。所以，如果想開玩笑，務必說清楚講明白。舉個例子：你用嘲弄的口氣說了些話，之後有人引用你的話，到時候讀的人可聽不見你的語氣，只讀得到你說過的內容。

比起低調不張揚的真專家，以專家自居的人往往更容易取信於人。蘭德公司的研究認為：「專業與可靠感是可信度的兩大重要面向，這些特質可根據視覺線索來加以判斷，例如線索形式、外觀，或者對專家身分的宣稱，也算是一種線索。」

研究員也發現：「線上新聞網站通常比其他形式的網路資訊更受信賴，不論實際上是否準確，大家都更樂於接受其內容。」因此，在第三方媒體發表署名文章，對大眾來說往往是權威性的指標。你可以透過個人部落格和讀者進行交流，並藉此建立個人網站的權威性。至於經營個人品牌部分，在第三方平台署名撰文或得到背書，總能提高發言的可信度，所以比起架設自己的網站更重要，應列為更優先追求的目標。

閱歷豐富並有專業技能的人發表意見時，常會高估閱聽眾對該主題的涉獵程度，又想避免用太多資訊轟炸閱聽眾，便往往選擇不提供太多詳細資訊。可是，真正該做的是相反的事，應該多些細節才對。該研究表示：「在模擬法庭辯論的情境中，擔當證人角色者若提供更多細節，即便是雞毛蒜皮的小事，其他人便會更願意相信他們說的話。」

案例研究一：聽多了八卦，大腦對人的觀感也會改變

NPR曾刊登一篇文章，題為〈我跟你說！人腦構造就是愛八卦〉，作者引述一篇薄瑞（Lisa Feldman Barrett）發表的研究。薄瑞是美國東北大學（Northeastern

University）心理學教授[12]，她的研究則旨在檢驗小道消息如何影響人取得的資訊內容，並左右我們對不熟識者的觀感。該研究團隊提出一個問題：「一旦八卦小道影響人腦對他人的看法，造成先入為主的印象，已形成的觀感是否還有可能改變？」

他們為此設計了一項實驗，招募一群志願受測者，請他們看一些隨機安排的人臉照片，每張臉孔旁都搭配了一些八卦消息，有些正面，有些負面。

受測者會看到一些神情中性的臉孔，分別搭配(A)負面八卦、(B)正面八卦、(C)中性八卦、(D)負面的非社交資訊、(E)正面的非社交資訊，以及(F)中性的非社交資訊。稍後，受測者會再次看到這些臉孔，研究發現，這時他們的大腦會更關注曾與負面八卦連結的幾張臉孔。

在實驗中，研究團隊會對每位受測者展示兩組照

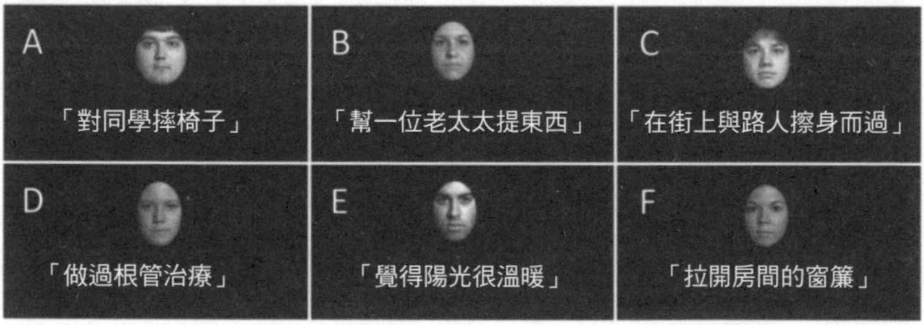

片，讓他們左右眼各看見一張照片。比方說，左眼可能會看到一張臉，右眼則看到一張車子的照片。之所以這麼做，是為了測出受試者大腦對不同類型資訊有何不同反應。這種同時展示極端相反圖片的實驗方法，會造成一種稱為「雙眼競爭」（binocular rivalry）的現象，因為人腦一次只能處理一則影像，因此我們會不自覺偏向其中一則，並關注較長的時間。

研究者發現，相較於與正面小道連結的面孔，在與負面小道連結的面孔上，受測者的視線會停留較長時間。由此可推論，若得到一些有關某人的負面細節，我們的大腦會更關注此人。經過實驗，薄瑞的團隊得以說明，有關他人的二手資訊如何帶來舉足輕重的影響。其實，吸收八卦就是一種幫助人分辨敵友的方式。

伊利諾州的諾克斯學院（Knox College）的心理學教授麥安卓（Frank McAndrew）與其他研究者也提出假設，推測人愛八卦是演化因素所致，而不是什麼品行低劣的緣故。麥安卓教授認為，人愛聽八卦的天性早從遠古小團體群居的時代便有，因為史前人類需要判別社群內部的威脅所在，但光靠自己判斷出敵友，可能要花很多時間，反而會陷入更大的危險。所以，最快的方法是透過口耳相傳的交流，或接觸小道消息，藉此判斷某人是否會危害整個群體。

現在，我們已經知道八卦確實對大腦活動有影響。若聽說過別人的一些負面消息，大腦就會引導我們更加謹慎應對這些人。雖然消息負面，謠言本身或許也有害，但要不是八卦帶來的「反效果」，我們可能都無力面對問題，甚至可能完全沒發現問題存在。

案例研究二：社群媒體上的醫師形象

在前文中，我們已經探討過為何要建立社群媒體個人檔案，並放入正面資訊。在以下的案例中，我們會討論發布在社群媒體與部落格網站上的內容，探討這些內容將如何影響事業發展。

網媒「合眾國際社」（United Press International）的文章提到一項研究，以初出茅廬的泌尿科醫生為對象，探討他們在社群媒體上的活動。該研究由達特茅斯—希區考克醫學中心（Dartmouth-Hitchcock Medical Center）的古凱文博士（Kevin Koo，音譯）執行[13]。古博士與其團隊在Facebook上搜尋兩百八十一名醫生姓名，都是二〇一五年從美國泌尿科專科訓練畢業的醫生。

研究者發現，其中近四分之三（72%）的醫生都有公開的Facebook頁面，這些頁面中又有40%提到「不專業或可能令人不快」的內容。在研究中，這些內容又細分為不同類型，從說髒話和酩酊大醉的照片，到明確違反醫療倫理的內容都有，例如討論病患資訊等等。

研究發現幾個洩露病患資訊的案例，比如有位醫生貼出可以清楚看到病患姓名的X光片，有些醫生則透露許多案例資訊，足以辨識病患身分，包含描述手術中出現的特定併發症等等。

研究者提出結論，認為有些醫生使用社群媒體的方式堪慮，可能減損病人對他們的信任。

另外，有些醫師不會洩露病人資訊，而是分享自己在派對飲酒作樂的照片、發表立場極為鮮明的政治與宗教言論，或公開評論其他有爭議的生活方式與社會議題。至此，我們可以提出兩個問題：醫生應該接受病人的好友邀請嗎？考慮到自身受人信任的地位，醫生應該公開發表與醫療無關的言論嗎？

我們的確無從期待醫生只發布完全合法的內容，但反過來想想，假如看見自己的醫生有這些行為，會有什麼感受？以此為例，就能設想要如何管理自己的線上活動。事實上，只要不做非法的事，且保有足夠的影響力，傳遞的訊息也夠清楚，那麼你就不必事事小心，一切都只照規則走。

避免有害的貼文方式

除了洩露病人個資和酒醉的照片，還有哪些類型的貼文會有不良影響？比方說，不小心發布、分享假新聞或錯誤資訊，就是不該犯下的大錯。這類貼文可能害你失去讀者的信賴，因此在發文前，請再三檢查內容是否屬實，反正查證也花不了多少工夫。千萬別認為「我不可能會分享假新聞的」，相信我，誰都可能在無意中散布了假新聞，而且頻率可比想像中還高得多。

二〇一六年，《華盛頓郵報》刊登了一篇文章，哥倫比亞大學與法國國家學院的電腦科學家攜手進行的研究，測量有多少百分比的社群媒體分享內容，是發文者根本沒有先閱讀過就發出去的。[14]研究發現，有百分之五十九的轉貼連結尚未經過發文者自行閱讀便直接分享。研究者又進一步收集兩組資料，好驗證其理論是否正確。他們收集了Bit.ly（縮網址工具）在一個月內縮短過的所有五大新聞來源網址，然後又收集Bit.ly分析工具記錄的點擊數量，建立出新聞爆紅過程的成長趨勢。

研究者總結認為，很多新聞確實會因為聲勢看好，點閱率暴增，卻很少有人認真閱讀內文。他們也發現，大多數點閱率都是來自推特使用者分享的連結，而非媒體本身的網站。所以，比起線上新聞網站發布的文章，你的追蹤者更可能會閱讀你發布的內容，那麼分享假新聞就會對你造成絕大的負面衝擊。

這也表示，Facebook和推特上分享的連結裡，有將近百分之六十根本沒人會去瀏覽。到處都有人煞費苦心，只希望有人看見他們發的內容，結果一切努力都付諸流水。評論家都說，沒人會關心你在網路上發表什麼內容，這話的意思是，如果你自己不在意別人發什麼，別人又為什麼要關心你的文章？

這個故事的教訓是，假若你自己都不認真看，就別費事分享這麼多連結了。要是你真的都不會先看過自己分享的東西，請務必留意這點：縮網址工具也常被有心人用來將假新聞包裝成正式新聞媒體發布的內容，進而廣為流傳。二〇一六年美國總統大選期間，便有個網址為ABCNews.com.co的假網站，魚目混珠模仿ABCNews.com，成功散布大量有關大選的假消息，而且還沒人發現新聞根本不是ABC新聞發出的。

事實檢查小幫手

以下列出幾個好用的網站，可以幫你檢查貼文事實是否為真，並提供一些小祕訣，避免分享無意義的內容：

whois.net

這個網站可用來檢查網站背後的主人，並可避免分享來自假新聞網站的資訊（或避免自己在假的釣魚網站上交易付款）。

google.com圖片搜尋

如想確認某張圖片的來源或散布紀錄，可在圖片上按右鍵，再按一下「透過Google搜尋圖片」。如果圖片很新，那就只會出現少量連結，如果圖片存在已久，會出現多條連結，可見圖片彷彿垃圾內容一樣四處散布。

factcheck.org

這是個中立的非營利計畫，由賓州大學（University of Pennsylvania）的安能堡公共政策研究中心（Annenberg Public Policy Center）主持，旨在監督針對美國政治事務的發言事實是否真確，檢驗對象包含政治人物、電視廣告、選舉辯論、訪談與新聞稿。該單位也架設了一個政治資訊識讀的網站（flackcheck.org），並提供一些其他的實用工具。

snopes.com

此網站可協助你破解大多數都市傳說、釐清熱門話題與圖片背後的事實，也能破除各種主題的謠言。

truthorfiction.com

此網站可破除所有成為「迷因」（meme，又稱網路爆紅話題）的謠言，網站主要提供某些類別的資訊，但你也能要求他們提供其他資訊。

projects.propublica.org/politwoops

這個網站會列出所有現任政府官員與公職候選人已刪除的推特內容，如果你對某則貼文有疑慮，卻無法在這個網站上找到庫存頁面，那麼貼文可能從未存在，是有心人杜撰出來的。

人人都可能受騙

有一次，我為了給未婚夫辦生日派對，不慎誤入一個偽造的Airbnb網站，在上面租了場地（假如Airbnb要你別離開網站，他們可不是隨便說說）。

我未婚夫的生日和萬聖節很近，大多數來參加的人都不住市區，所以我預訂了一間可容納二十六人過夜的房子。那陣子我工作很忙，某天卻收到警訊，說我的Airbnb訂單被出租人取消了。我傳訊息給屋主，他說他的申請門號出了問題，所以提供電子郵件地址給我。我寄電郵給他後，他又說他太太對申請流程不熟悉，不小心取消我的訂單。他向我道歉，並寄了一個折扣連結給我——這個正是前往偽造

Airbnb網站的連結。

我重新下訂，付了錢後便去出差。派對前一天，銀行打電話來，說他們無法處理這筆交易。我又詢問屋主究竟是怎麼回事，他說他也不確定，不過他會打電話給Airbnb搞清楚。當時我沒放在心上，只覺得太好了，對方會負責處理一切。過了幾分鐘，卻又收到屋主的電子郵件，寫道：「Airbnb說，付款給我的最快方法是用西聯匯款。」

這時我才驚覺被騙了！我只剩不到二十四小時在洛杉磯找新的派對場地，這下不但要搶萬聖節熱門時段，還得容納整整二十六個人。我只好又花幾小時大海撈針，還付了超出預算的錢，才找到房子來慶祝佳節。從我的經驗可知，查驗真偽真是太重要了，再強調幾次也不夠。

請務必再三驗證資訊來源的真實性，好保護你本人、你的品牌和你的讀者，避免聲譽受損或受騙上當。

7

認知即現實

前面說過，我曾決定變賣所有物品，出國度假七個月，同時以遠端模式工作。待我回到洛杉磯時，名下只有兩樣東西：裝滿滿的五十五公升的背包，以及工作職位。當時我下定決心待在洛杉磯打拚，所以暫時搬去和男友及他的室友同住。每天早上，我會走過六個街區到火車站，通勤到市區辦公室上班。

幾星期後，我終於找到自己的小天地。好吧，這麼說也不太對——我搬進東洛杉磯一處三房公寓，兩位室友都是男士。搬進新家時，我比較喜歡的那位室友剛好要搬走，這不禁讓我有點擔心，因為另一位感覺有點怪。我決定忽視直覺，因為我總得找個地方住啊。

又住了一星期，我才發現踩到地雷了，那位室友會數衛生紙的四個角，還會在房裡抽菸，同時把空調開到最強。我只好認賠殺出，預付的六個月房租拿不回來，哪知又過了幾個月，我和其他同事一起被裁員了，我亟需新工作。

很幸運的是，有個高中同學可以幫我。我們從畢業之後就沒見過面了，但他碰巧看到我的Facebook貼文，知道我需要工作。他在一家小型SEO公司上班，公司正好在「社群媒體」領域徵才，我前去面試，立即獲得雇用。

一切順利進行，唯一的問題就是我住的地方離新公司非常遠，我又沒有車，要通勤的話，就得經過五條高速公路，車程約兩個半小時（端看塞車情況而定）。一開始在通勤路上，我會打電話和祖母聊天，後來卻被她老人家拒接來電，因為她沒兩個半小時的閒工夫一直跟我閒聊。

好吧，我的新任務就是弄輛車來。當時聽說福斯提供Jetta零頭期款方案，月付一百九十九美元即可。這個方案包含維修與最大保證里程數，我便心動下訂。我知道，如果走進經銷商的營業所，勢必花上不少時間，換成打電話過去，也要等到天荒地老，最後累得不想討價還價，照單全收客服人員的話術。

於是我想出了一套辦法，打算寄電子郵件給洛杉磯每家福斯經銷商，看看誰會給出最讓我滿意的方案。結果，儘管我當時的信用狀況差強人意，卻成功用零頭期款和月付一百九十九美元的方式，買下一輛黑色Jetta。

整個策略其實很簡單：盡可能避免在電話中商談，而且絕不輕易讓步。在前公司上班的最後一段日子，我便已開始物色新車。我收到回信後便逐一回電，從未放棄，終於有家經銷商願意查核我的信用。

他們後來回覆我，說能提供頭期款兩千美元、月付兩百五十美元的方案。我回答：「不用了，謝謝。」他們又繼續打來，但我再也沒接過電話。我只透過電子郵件詢問，表示我希望用零頭期款和月付一百九十九美元方案。這麼做有什麼損失嗎？看看回信的經銷商有幾家，就知道他們有多想做成這筆生意，所以我便勇往直前。

那家經銷商後來表示：「我們能提供的最優惠方案是頭期款五百美元，月付一百九十九美元。」我便回答：「好，那我再找其他能幫我的人。」他們一直打電話來，但我就是不接，後來他們才寄信來：「好吧，我們幫你申請到了。一輛二〇一二年Jetta，零頭期款的月付一百九十九美元方案。」

在同一封信裡，對方又寫道：「有白色和紅色兩款可以選，你想要哪種顏色？」我言簡意賅地回覆道：「黑色。」

我仍拒接業務員的電話，顯然惹惱他了，只見他寄信來說了句：「恕不提供黑色。」我又回信：「那我只好去找別人買了。」幾小時後，他又寄信來：「好消息，這款車我們有黑色的，會幫你從別家經銷商調過來。請問什麼時候方便交車？」

為此我興奮了好一會兒，直到發現賣車給我的經銷商在好遠的地方（當時還不流行優步〔Uber〕，而且別忘了，我可是幾乎破產）。我只好又寫信給業務員：

「能順利買車真是太好了！但是，我沒車可開，恐怕沒辦法過去交車。請問有辦法幫我嗎？」業務員回信道：「沒問題，強森小姐，我們會把車開過去，到時候再一併處理合約即可。」

交車當天，業務員開著車來了。等他見了我，便問：「你就是辛西亞？」他終於見到這位老是沒空接電話的女子了。我邊笑邊在引擎蓋上簽下合約，就這麼買下旅行歸來後的第一輛車。

這車開了兩年後，某天停車時不慎撞到一根桿子（我承認我駕車技術欠佳，自動駕駛完全是我的菜）。我把車牽去修，修車廠說費用要兩萬四千美元——這可比我一整年的分期付款還多！所以我又打電話給當初的業務員：「這車撞壞了，能換新的嗎？」

業務員回答我，說他可以用原廠修車服務，替我爭取更好的方案。他調出之前的合約，看了我一眼，問：「誰給你這麼多優惠的？」

「你。」我答道。

我提醒他當初的情況（我還以為自己是個令人難忘的客戶呢），他才恍然大悟，想起一切。我於是又拿到另一份超優惠合約，因為這位業務員認定我又會「爭取一番」，便直接開出好條件。不過我只擅長透過電子郵件談判，其他場合可未必如他想的厲害。

追根究柢，為什麼第一次協議時，我能輕鬆爭取到好條件？因為整個交涉過程中，我只用電子郵件，避免任何個人偏見干擾交易過程（我甚至只用了很普通的AOL電子郵件地址）。實情是，信中的我看來幹勁十足、心意已決，而且在信中完全沒透露任何會顯露個性的線索，讓我得以成功主導交涉過程。業務員只不過是和一名暴躁的客戶交涉，唯恐對方會到網站上留下惡評。

那麼，第二次為何又得到好條件？因為先前我已給對方留下擅長協商的印象。而且交涉也很花時間，那次我去交車時，時間已經不早，業務員趕著要去別的地方，而他對整個交涉情境的認知便是我很擅長此道，和我脣槍舌戰恐怕會害他整晚都下不了班。於是，他選擇跳過交涉過程，讓我第二次買車省事不少。

這又和你的個人品牌有什麼關係？這是因為他人的認知也不能隨便利用，唯有在你很確定多數人如何看待你時，才能借力使力。我們身上的特質和特徵，都會影響別人對我們的看法，因此務必好好了解自己的特質和特徵，以及長久下來的變化方式，這兩點很重要。在不同情境裡，總有個人特質成為優勢或劣勢的時候，因此要早做準備。

別人可能對你有各種觀感：認識的人對你是一種看法，你對自己是一種看法，你在網路上的形象又會讓人形成另一種看法。多數時候，網路上的形象也會影響陌生人對你的印象。

真實生活

要想知道認識的人怎麼看你，不妨直接開口問吧。選五個較親近的親友，讓他們從一些詞彙中選出適合形容你的。不過，在開口之前，請先自問一遍，以便和親友的回答做個比較，了解你的自知和他們對你的看法有何不同。

1.

A. 極端保守，相當重視傳統
B. 略為保守，較重視傳統
C. 無法判斷

D. 略微開明，有些藝術性格

E. 相當開明，頗具藝術性格

2.

A. 極為衝動且隨興

B. 較為衝動且隨興

C. 無法判斷

D. 傾向按部就班，時常埋頭苦幹

E. 按部就班，埋頭苦幹

3.

A. 經常獨處沉思

B. 偏好獨處沉思

C. 無法判斷

D. 偏好與外界接觸

E. 經常與外界接觸

4.

A. 極度爭強好勝

B. 較為爭強好勝

C. 無法判斷

D. 較偏好團隊合作與信任

E. 極偏好團隊合作與信任

5.

A. 總是能從容處事

B. 通常能從容處事

C. 無法判斷

D. 較容易有壓力且情緒化

E. 非常容易有壓力且情緒化

來統計答案吧：選擇A可以得一分，B得兩分，C得三分，D得四分，E得五分。

接著，請根據每道問題畫出一個量表。假設你在問題1得到三個B選項，兩個E選項，那就是2＋2＋2＋5＋5＝16，再除以5，得出3.2，或表示為32％。

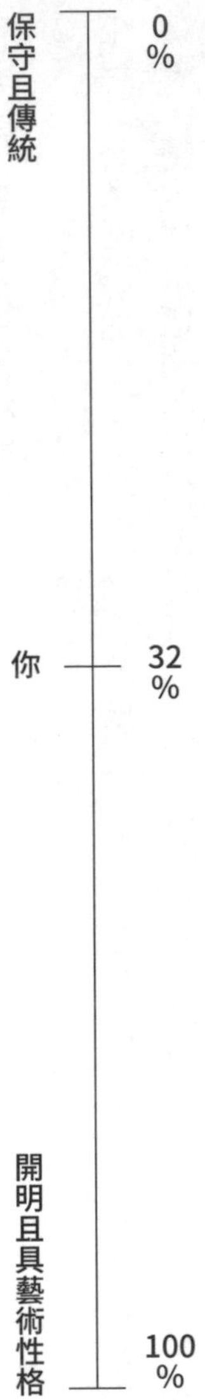

根據計算出的得分範圍，就能了解一般人對你的看法。你也可以分別去問五位同事、家人或朋友，再比較每組受訪者的看法有何不同。

網路世界

劍橋大學心理學系的研究員吳有有（Wu Youyou，音譯）與史帝威爾（David Stillwell），以及史丹佛大學計算機科學系的辛斯基（Michal Kosinski）共同發表了一篇研究，宣稱「電腦對人類性格的判斷，較人類判斷更準確」。[15]研究者發現，電腦比朋友、家人和伴侶更能精準判別出一個人的人格特徵。他們的研究方法是設計一組新的演算法，分析Facebook上按讚的內容、動態和參與度量，以及推特貼文與參與度量，推斷出此人個性，結果的準確度不亞於父母或伴侶對此人的認識——

有時電腦的判斷還更加正確。

這份研究招募了八萬六千兩百二十名Facebook使用者，志願者先完成一份性格分析，共包含一百道題目，也請他們提供在Facebook按讚的資料。性格測試是讓志願者自行提供心理學家稱為「五大特徵」的性格評分：經驗開放性（openness）、審慎嚴謹性（conscientiousness）、外向性（extroversion）、親和性（agreeableness）與情緒穩定性（neuroticism）。之後，將評分結果與志願者的Facebook按讚內容相比較，建立出另一套演算法，再根據每個人的線上活動，讓電腦用演算法得出對此人的看法。

史帝威爾表示：「判別個人性格的能力是社會生活的必備技能，從日常決策到長遠規劃，比如婚配對象、信任或雇用哪些人，或總統大選投票，都需要能判斷他人性格，才能做出決定。這樣的資料分析結果可說非常實用，將可幫助一般人做出決定。」

共同作者吳有有則補充道：「徵才方可根據求職者的性格，挑出最適合的人選；產品與服務也能根據使用者個性與心態，調整提供的內容。人在思考重大生涯決定時，例如選擇活動、職涯規劃或感情對象，都可利用這類資料分析來增加自身直覺與判斷力。根據資料來做判斷，或許能改善生活。」

你可以自行測驗（詳見後文），用研究中的工具，在線上評估自己的人格特質。還有更好的嗎？如果你已根據按讚內容分析，了解自己在真實生活和網路世界展現的性格，就能為自己著想一下，改變行事風格。若希望獲得升遷或工作機會，可比較自己和那些獲得機會的人，就像改履歷一樣，看看別人怎麼做，見賢思齊。

或許會有人說，為了達成某些目的，而操控自己在網路上的形象，不是什麼誠懇的做法，但仔細想想，我們其實早就這麼做了。如果在網路上的形象會影響別人如何評估我們的工作能力，我們自有充分理由好好調整一番，展現出自己是留心細節的人，好贏得徵才或尋找合作對象者的認同。

舉例來說，當我的Facebook開始跑出「執行長訓練計畫」與「企業律師」等廣告時，我便知道自己在這個社群平台上已建立了一定的專業形象。

性格測驗

現在，來測測自己的性格特質吧！以下是各種測試和研究本身的連結，其中有些已用縮網址工具縮短，因為原本的網址實在是太長了（別忘了，縮網址工具會分辨大小寫，所以本書引用的各種連結都請用全小寫）。

- mypersonality.org：於此可獲得前述研究的相關資訊與更新內容。
- applymagicsauce.com：可在此將推特帳戶與網站的演算法相連結，以推測出你的性格特質。
- discovermyprofle.com：可在此找到其他問卷與測驗，建立出心理學個人檔案。

以下是我的測驗結果（請記得，我的社群媒體帳戶都沒有放很私人的內容，所以結果是經過人為操控的）。

我三十歲，但網路行為看起來卻像個三十三歲的人……當然，是根據網路上的內容分析出來的。

年齡

三十三

你的數位足跡顯示，你的網路行為展現出三十至三十九歲年齡層的特徵。

心理性別

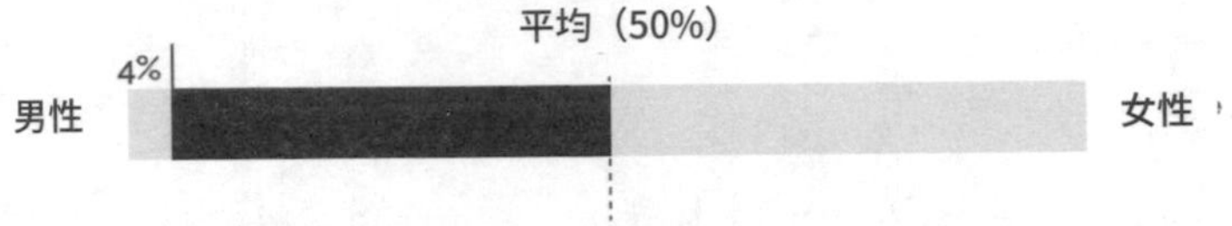

你的數位足跡顯示，你屬於男性氣質典型

我的性格

五大性格特質（預測值以百分比表示）

進行性格測驗

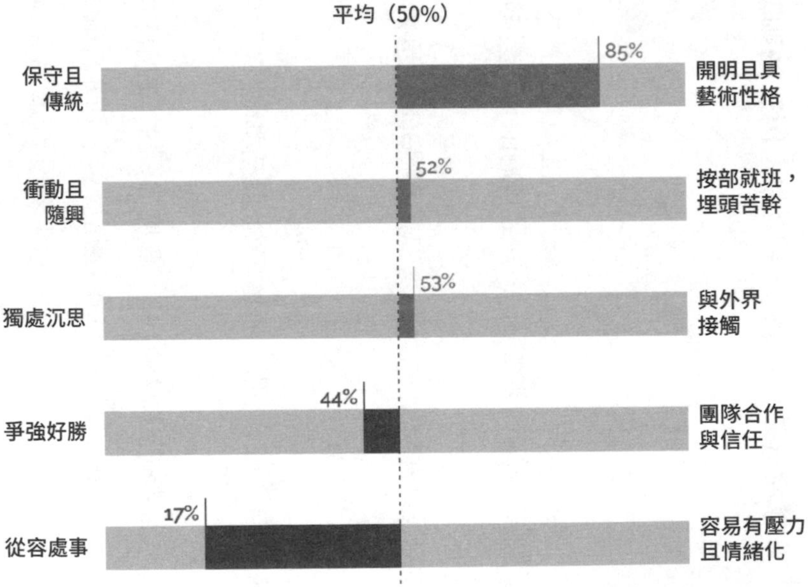

我的心理性別則顯示我是「男性氣質的典型」。

我的榮格性格類型（麥布二氏®評估人格測驗）：ENTJ型

根據麥爾斯與布里格斯（Myers-Briggs）測驗，ENTJ代表外向＋直覺＋思考＋判斷（Extroverted＋iNtuitive＋Thinking＋Judging）。這類人通常擅長取得成功，堅定、坦率、自信、外向、活力充沛、具人格魅力、公正，且不受衝突或批評影響。不過，其他特徵也可能削弱這類人的力量，使他們好辯、咄咄逼人、態度冷漠、給人壓力，且有控制慾。這類人往往活力十足、聰慧機敏且亟欲發號施令，會讓別人壓力很大。

ENTJ類型的人傾向培養個人權威，常會主導（至少在他們看來）失控的情況。並且，ENTJ也樂於求知，積極學習新事物，這會讓他們成為優秀的解決問題者。別人或許會認為這類人很疏離又冷血，因為這類人看似喜歡以強硬的方式處理情感與個人問題。在需要感情與價值判斷的情境裡，ENTJ則傾向尋求信任的感覺型（Feeling）人的建議。

我的分析結果中，有部分是事實，有部分則是經過操縱才得出這些結果。不過，如果你希望重新打造品牌形象，這類測驗的結果就相當重要，因為這能幫助你找出偏好的模式。

開放式文本預測

如果你希望確立性格形象的目標，或想知道別人眼中的你是否有其他模樣，那麼這個工具就可派上用場，只要上傳符合字數限制的文本即可，但以至少兩百字為佳。

舉個例子：我上傳了這本書中的一段，想看工具會將我歸類為哪一類的作者。結果出爐，我是最具女性特質的一類（開誠布公的對話，對比前面用的是經過管理的Facebook形象），且年齡推測為四十八歲（高水準對話內容，對比前面用的是Facebook貼文）。用這個文本去分析，甚至連我的人格類型都變了，從ＥＮＴＪ（外向＋直覺＋思考＋判斷）轉為ＩＮＴＪ（內向＋直覺＋思考＋判斷）類型。

ＩＮＴＪ類型的人擅長分析，比起與人共處，獨處更讓他們自在，也不比其他類的人擅長社交，不過若在無人領導的情況下，或者他們發現目前的領袖階層有重大缺失，那麼他們就會在做好準備時，挺身出來帶領大家。他們比較務實且重邏輯，通常傾向個人主義的立場，對原地踏步或衝動的感情用事容忍度很低。

通常，感染力再強的口號也不易打動這類人，他們也不認同以傳統、位階或頭銜為基礎的權威。INTJ類型最主要的性格特徵有：獨立思考、強烈個人主義，且極具創造力。

具有這類型人格特質者，在獲得較多自主權與創造自由時，工作成效最佳。這類人往往天性抱有強烈表達自我的慾望，亦即，他們喜歡將自己智力的心血以概念呈現，分析及建構複雜理論的能力，也是這類人最大的優勢。

比起前一種類型，這段描述無疑更切合這本書的內容。所以，你大可改變網路與演算法看見的你，就好比你在媽媽面前是一個樣子，面試找工作時又是另一個樣子。你的形象，當然操之在己。現在不妨做個測驗，收集一些外界對你的看法，畢竟認知即現實，別人怎麼看你，你就是什麼樣的人。

案例研究：現實中的認知與維護形象的實例

二〇一七年發表的一項研究以「學生評鑑教學」為題，這類評鑑經常用於學術人事決策，作為教師的績效測量指標。[16]

這份大規模研究蒐集了超過七百八十八萬份的評鑑資料（評鑑對象為十九萬

零六位美國大學教授，每位教授至少經過二十名學生評鑑），以深入分析學生對學術機構的印象，以及不同學生間的評鑑結果差異。

研究發現，不論任何領域，女教師得分均未比男教師高，但在部分困難的領域（如化學），兩性得分並無差異。負責科學、技術、工程與數學的教授，分數都低於人文與藝術領域的教師。課程評等為簡單的教授，評鑑得分也較高。研究還特別排除所謂「熱門」教師，因為這些人的評分都比較高。

論文作者羅森（Andrew S. Rosen）是西北大學化學工程博士候選人，他分享對研究結果的看法：「就算評論者都對這些資料不屑一顧，網站資料呈現出的偏見仍具有相當重要性。」因為從這些資料可推知，機構評鑑取得的可能是無效的量化數據。他補充：「在學生選課過程與學術晉升程序，現有評鑑方法仍具重要參考價值。我不期望這些問題會很快改變，因此與本研究相似的研究都可提供參考，指出更具批判力、更能正確評估的機構教學評鑑方法。」

認知：負責較簡單課程的教授是更好的老師。

現實：有些課程科目比其他科目簡單。

認知：教授得分較高，表示工作表現更好，應比評鑑結果欠佳的教師獲得更多升遷機會。

現實：若負責的科目較不複雜，評鑑得分也較高。

冒名頂替症候群對世界傷害不淺

綜觀我的職業生涯，也曾有過我是合適的職務人選，卻會自覺不配待在那個位置上，某些情境中，我也確實完全無法勝任。

已有較高成就或正在追求較高成就的人，很容易產生「冒名頂替症候群」，他們有豐富的經驗與知識，教育程度也較高，往往擁有一般人難以想像的成就，但他們很常將自己的成就歸功於運氣。若別人讚揚或為他們的成就感到振奮，這些人也不太領情，常會說「每個人都辦得到」或「我只是運氣好」。冒名頂替症候群是一種恐懼，擔憂自己的成就僅僅是一路憑藉好運得來，或者因為有人錯看，才給了你機會。

冒名頂替症候群的危害真是不容小覷，這種心態會傷害經濟發展、教育系統、政治系統與企業。分明就是適才適所，成功的人卻姿態謙卑，甚至又為了表現謙遜，便隱藏自己的成就，避免別人指指點點。結果最優秀的人才都躲起來了，反讓一些能力不足的人掌握了決策權。

只要身處新情境中，起初當然可能承受失敗的風險，但請記得：別人也是這樣。我們都只是想試一試，每個人都會經歷這個過程。那麼，要如何克服恐懼？請大方展現出自己的能力吧。

又，你要怎麼確定別人明白，你在對某些事情上真的有專業，同時又不會覺得是在信口開河？建議你「表現」出來，不要只是用「說的」。以下是參考做法：

- 確認你的LinkedIn個人檔案內容完整。不論何時進行正面更新，都得確定「與讀者分享變更」功能已開啟，以便追蹤者能看到新增的內容。
- 如果獲得媒體關注、新工作或任何別成就，而你希望別人可以看見，又不想顯得太自負，請先把消息告訴你的母親、伴侶、手足，或其他關係親近的人。等他們發貼文分享喜訊，並表示替你高興，這時你就能出面承認，大家也會注意到這些事，而且你媽（或其他幫忙貼文的人）看起來還會像個英雄。

» 別老談你「能做什麼」，要證明你「已經做了什麼」。也要避免過度評論或解釋自己的成就，因為大家只是想來道喜，就讓他們說聲恭喜吧，以後有機會也反過來祝賀別人的成功就好。
» 確認別人能接觸到你本人（或個人品牌展現的那個你）。
» 在個人檔案和網站上，都要放上電子郵件地址與其他聯絡資訊。務必讓別人知道他們可以聯絡得上你，以及可在哪方面取得幫助。
» 如果沒有助理或經紀人幫忙（大部分人都沒有），請建立社群媒體的電子郵件地址（可命名為Media@你的網站.com），自己動手來吧。這麼做就能親自出面協商，同時遠離冒名頂替症候群的困擾。

我們住在《駭客任務》的「母體」裡嗎？

在我看來，我們大概都住在「母體」裡吧（或者現在稱為電腦模擬的玩意）。也許我們都連線到一部模擬器，這儀器會說些故事給大腦聽，像虛擬實境那樣，卻成為我們身處的現實。經營個人品牌也確實像個遊戲中的遊戲——我們怎麼來到這裡的？誰在背後操控？八成是外星人吧。

繼續往下讀之前，請先自問：我相信辛西亞說的嗎？我們真的都住在「母體」裡嗎？先記下你的答案，然後再往下讀。

你覺得我瘋了嗎？或者，你和我所見略同？你聽過莫爾定律（Moore's law）嗎？這個定律大致上是說：電腦數量每年都會成長為兩倍。這表示在十年內，超級電腦就能計算出人類八十年的整個生命周期細節，包含每個想法、做的夢，以及發言。那麼，我們真的很可能住在一個「母體」裡面，對吧？

不相信嗎？如果我告訴你，NASA、企業家馬斯克（Elon Musk）和美銀美林集團（Bank of America Merrill Lynch）都已公開表示，我們現在可能就住在「母體」之中呢？

這套哲學是瑞典哲學家伯斯特霍姆（Nick Bostrom）首先提出，這位年輕學者已提出許多獨創性十足的想法。伯斯特霍姆博士認為，比我們更先進的後代人會把我們囚禁在數位世界中。

某次接受網路媒體VICE訪問時，NASA噴射推進實驗室的「演化運算及自動設計中心」主任泰瑞（Rich Terrile），曾公開討論NASA的超級電腦，並表示NASA超級電腦的運算速度是人類大腦的兩倍：

「在量子力學中，除非觀察粒子，否則粒子沒有固定狀態。許多理論家都耗費大量心力嘗試解釋此現象。根據其中一種解釋，我們都身處於模擬之中，需要看見事物時，才會看見這些事物。即便我們都處在模擬狀態中，或者在多個數量級以下的模擬狀態，在過程中的某階段，總有什麼會逃出原初渾沌狀態，成為如今的我們，並產生造就我們的模擬狀態——想想真的很酷。」

據泰瑞的說法，「有種看法是，我們的宇宙是由電腦程式碼虛構建立出來的，這觀點倒能解答不少對宇宙所知的出入與神祕難題。」

繼續往下讀之前，請再問問自己，現在你相信我的話了嗎？再次記下答案，並繼續閱讀。

二〇一六年，美銀美林集團的分析師發出一份報告，向客戶討論虛擬實境的議題。報告指出：「隨著人工智慧、虛擬實境與計算能力的演進，可想見未來文明將有能力模擬出一個『先人的世界』。」

美銀報告還提出以下解釋：「許多科學家、哲學家與商業領袖都認為，人類有百分之二十到百分之五十的機率已身處電腦模擬的虛擬世界中。四月時有一群研究者集結於美國自然歷史博物館，共同爭辯此論點。這個論點主張我們的3D模擬技術已接近相當逼真的程度，可讓成千上百萬的人同時參與模擬。」

繼續往下讀以前，再問問自己吧：現在，我更相信辛西亞說的話了嗎？這次也請記下答案，再繼續往下閱讀（我覺得我自己聽起來都像個模擬器了）。

就連馬斯克都相信，我們已身處「母體」或虛擬之中。以下摘錄他在二〇一六年「程式碼大會」（Code Conference）的發言：

「最有力的主張，我想大概是身處在下列這種模擬中：四十年前，我們有『乒乓』（Pong）的遊戲，就是兩個矩形，一個點而已。以前是那樣。如今，四十年過去了，我們有相片擬真技術和3D模擬，可模擬上百萬人同時遊玩，而且年復一年技術更加精進。不久，我們就會處在虛擬實境和擴增實境之中。只要假定技術改善的機率不為零，那麼遊戲終將進化成與現實無法區辨，未來的人將只有十億分之一的機率，是處在『真正的現實』中。若文明停止演進，只可能是由於發生某種災難事件，才導致文明停止演進。」

目前為止，還有好些不具名的科技業億萬富翁深信這套理論，甚至還請了科學家來幫我們逃出虛擬現實。

現在，請最後一次捫心自問：比起這一節開始時，你現在更相信我說的話了嗎？

也許你相信我的程度不減也不增，但肯定可以理解，在聽過這麼多人都同意虛擬現實的可能性之後，我何以會做出相同結論。我們都會先判斷資訊來源是否可靠，才能認定某個想法是否適當與可能。

如果一般人聲稱自己相信或見過外星人的存在，通常會被當成瘋子。不過，如果是馬斯克和NASA說他們相信有外星人，我們就開始跟著相信這世上有外星人。

要是我們知道，提出大膽想法的人或企業，背後也冒著失去什麼的風險，我們也往往更容易相信他們的話。比方說，美銀美林說大家都住在「母體」裡面，我們便更願意花點時間思考這件事——尤其是看到他們對客戶說這些話。為什麼？畢竟，若美銀信口開河，可能會流失一大票客戶，搞不好客戶會全部跑光。所以，他們一定是認真的，不然何必冒這麼大的險？

這真是個傳布點子的絕佳辦法：透過最不可能說這些話的來源，將你的想法廣為流傳，而且說服一個人或一家公司，總比說動全世界來得容易。要不是我聽說了美銀美林的報告內容，我大概永遠也不會認真思考一番。

看過了前面這一大段，有些人可能也開始認真思考這個問題，因為我們認定可靠的意見領袖，不約而同推廣了此看法。面對謠言，我們往往也是產生了類似的心態變化，覺得謠言似乎真有其事，所以散布出去。

說到這個「母體」理論，是在《駭客任務》上映四年後才首度問世，不知是否受到電影的啟發？不無可能，因為我們總不自覺地被讀過、聽過與看見的事物影響，這也正是品牌的力量所在。

有效溝通也可能偏離事實

建立對你本人與你的使命都有好處的品牌，其實和你的個性如何，關係並不大，「別人對你的看法」與「你給別人的感覺」，才是影響更甚的因素。比方說，有時我們會看到有人希望增加追蹤人數，卻未能提出有力的理由來吸引別人追蹤。這和工作沒做完就想領工錢一樣，都是不切實際的。有人可能會姑且先給一次錢，但工作要是老沒做完，當然不會再有下次了。「個人品牌」這個詞聽起來好像在說

「只管看我這邊」，其實善加經營之後，比起建立品牌的人，使用品牌的人會更充分感受到品牌的價值。

不論個人品牌、影響力、生涯發展、政治與一切相似事物，總有人把關。我們得說服這些人，和他們來往，才能爭取更大更好的機會。想做到這點之前，得先理解這些人或他們的閱聽眾需要什麼，投其所好。那麼，應該怎麼做呢？

首先，你得確立要傳遞的訊息。你可以說明你的使命、你的目標或你的目的。這件任務的內容可能改變，也必會改變，但這不礙事。你總得先動手去做，之後再改變方向也無妨。你的使命可大可小，大如「拯救全世界」，小如「一家健康幸福」，總之先提出來試試看吧。

案例研究：馬斯克與卡拉尼克

自洛克斐勒家族以降，馬斯克可能是個人品牌史上最有趣且成功的案例了。他親身示範，如何單憑一人便能直接影響市值數十億美元的企業股價。特斯拉汽車的股票在近年極受矚目，公司本身創立於二〇〇三年，主要經營電動車與能源儲存業務。儘管連年虧損，特斯拉的市值仍超越福特汽車，而長久以來，公司股價都與

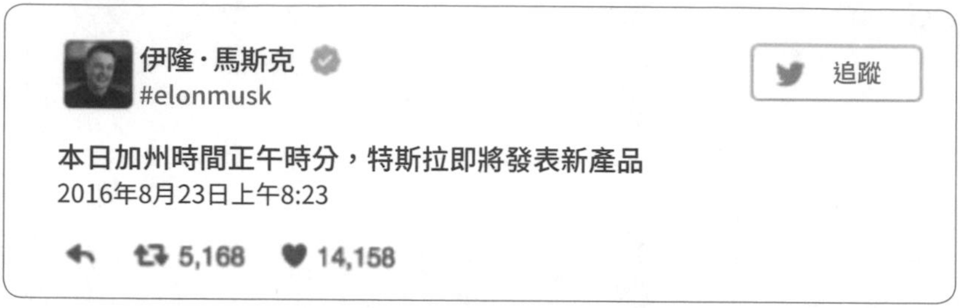
伊隆・馬斯克
#elonmusk
追蹤
本日加州時間正午時分，特斯拉即將發表新產品
2016年8月23日上午8:23
5,168
14,158

執行長馬斯克的個人品牌脣齒相依，而馬斯克的品牌則將他形塑為一名神祕天才，與看法極具前瞻性的執行長。

除了目光長遠，不斷追求提升，馬斯克也和社會關懷、瘋狂天才等形象畫上等號，帶領三家企業登上了新巔峰。正因馬斯克的形象太鮮明，他在二〇一六年八月發了一則推文後，特斯拉的股價便應聲上漲百分之二，為公司市值增加了六億七千萬美元。這就是馬斯克個人形象的影響力。

馬斯克能影響的不僅是股價，他投入改革的熱情也未曾有人質疑。而且比起質疑他，我們更可能會先質疑自己有何貢獻。二〇一六年，馬斯克與卡拉尼克（Travis Kalanick，優步前執行長）都加入了川普總統的經濟顧問團隊。

一時間，新聞頭條滿是對此事的討論與評論。在二〇一七年一月，川普的行政團隊又發出行政命令，禁止伊拉克、敘利亞、利比亞、索馬利亞、蘇丹與葉門等國公民入境美國，禁止期間為九十天，並無限期禁止敘利亞難民入境。

網路社群紛紛大驚失色，「#刪掉優步」的標籤也成為躍上熱門趨勢，鼓勵使用者改用Lyft（譯註：亦為共乘平台）。不論優步或特斯拉，當時都面對了相當緊繃的情勢。

為了分析，我建了簡化過的時間軸，標出一月至八月間，圍繞卡拉尼克、優步、馬斯克與特斯拉發生的事件與媒體報導。這條時間軸是用來避免先入為主的判斷或政治化的解讀，希望能以客觀角度看待兩位執行長或公司發言人對事件的回應。

1月27日：由於兩位執行長都加入總統的顧問團隊，輿論便因川普的移民禁令，開始猛烈批評兩位執行長與兩家公司。

1月28日：紐約市的非營利組織「計程車從業者聯盟」（Taxi Workers Alliance）群聚在甘迺迪國際機場外，支援反對旅行禁令的抗議人潮。該聯盟要求會員在晚間六點至七點暫停機場排班工作，在七點三十六分時，優步便宣布關閉甘迺迪機場的加成收費功能。

優步推文發出後，「#刪掉優步」的標籤一時蔚為風潮，超過五十萬名使用者都表示，他們會刪掉優步帳戶（後來刪除帳戶的確切人數不明，但估計為二十萬人）。

同時據傳有五人（媒體未報導確切人數）表示，他們取消了特斯拉Model 3的訂單。

1月29日：卡拉尼克宣布，優步會撥款三百萬美元，為具有伊朗、敘利亞、伊拉克、索馬利亞、蘇丹與葉門公民資格的優步司機，設立急難救助金。卡拉尼克與優步都表示，若司機受到禁令影響，無法工作賺錢的話，會補償他們喪失的所得。卡拉尼克還在貼文加上一條連結，讓司機可以提交他們個人或受波及的親朋好友資訊。

馬斯克在推特發文討論禁令問題，並回應特斯拉支持者的擔憂。他請大家自行閱讀行政命令內容，並請不吝提出建議的修正方式。

2月2日：卡拉尼克退出川普經濟顧問團隊，以回應消費者的批評聲浪。馬斯克則繼續留在顧問團隊中。

2月5日：多家知名科技公司，包含Apple、Facebook、Google、推特與微軟，於華盛頓州聯邦法院共同提交一份「法院之友」意見書，表達反對川普的移民行政命令。

優步連署了這份文件，特斯拉則未簽署。

2月13日：我前往杜拜參加世界政府高峰會，因而有機會接連見到兩位執行長。卡拉尼克先提出許多有關駕駛車輛的數據資料，然後接受了一家大型美國新聞網路的記者訪問，但看那位記者的樣子，活像是前一刻才有人要求她別提問有關參與川普團隊的問題。

訪談最後，記者詢問卡拉尼克是否早察覺到自身成就所帶來的責任，並為此做好準備，卡拉尼克回答了這個問題。等記者下台後，卡拉尼克才離開。

2月13日（約一小時後）：馬斯克的訪談情況則是另一回事。我先解釋一下，當週週末，特斯拉要在阿拉伯聯合大公國發表新款汽車。馬斯克上了台，並沒有準備簡報，直接接受阿聯當地的主持人訪問。訪談最末，主持人稱他為「下一個愛因斯坦」。馬斯克站起身，與主持人握手後才走下台，這時台下聽眾紛紛報以熱烈掌聲。

訪談過程中，不同於卡拉尼克，馬斯克沒有說明他計畫怎麼幫助世界，卻表示他相信外星人存在，認為隧道可以舒緩交通，並主張保障最低收入很快就會成為必要措施。

2月19日：優步前工程師富勒（Susan Fowler）撰寫一篇文章，分享她在該公司工作的一年經歷。文中鉅細靡遺地說明了遭受經理性騷擾的情況，並提到公司人事部門拒絕採取任何行動。富勒的文章將重點放在企業內部層出不窮的厭女事件，也表示優步是個對女性員工有敵意的職場環境。

卡拉尼克發表下列聲明：「我已經看過富勒的部落格，其中描述的情況令人深惡痛絕，也違反優步支持與相信的一切價值。我本人第一次發現有此等情事，已指派本公司新任的人資主管進行緊急調查。我們向來盡力將優步打造為公平的工作環境，絕對不能發生這種事，任何有此行為或對此不以為意的人，都會遭到解雇。」

2月20日：優步聘來兩位知名的法務專家，負責調查相關性騷擾事件。優步也指派了內部總顧問與兩位女董事從旁協助。

2月28日：優步要求資深副總裁辛高爾（Amit Singhal）離職，因為他未揭露自己任職Google時涉入的性騷擾事件。

有位仍在特斯拉任職的女工程師向《衛報》表示，她在幾個月前，曾就性騷擾與性別歧視事件，對特斯拉提起訴訟。

2月28日至3月1日：卡拉尼克搭乘優步時，與司機一言不和、口出髒話，過程都被行車紀錄器拍下。

爭吵的起因是司機當面詢問執行長管理風格問題，並怪罪他砍低載客費率。卡拉尼克下車前回了一句：「有些人就是對自己的狗屁不負責任，只會整天怪在別人身上。祝你好運啦！」影片一時瘋傳，後來卡拉尼克出面，寫了封電子郵件向全體員工致歉。

3月2日：一名為「美國新聞與世界報導」撰稿的作家發了則推特，說他小學五年級的女兒寫信給馬斯克，分享她行銷特斯拉的點子，馬斯克回信給她，對她的行銷計畫表示肯定，後來果真付諸實行。

4月3日：卡拉尼克的前女友對媒體透露，她曾和卡拉尼克及五名優步員工同行，前往首爾一家卡拉OK酒吧。據她的說法，當時店內有一群陪酒女郎，四名男性經理級主管都選了小姐作陪。大約一小時後，霍茲沃斯、卡拉尼克和剩下的女員工便離開現場。

4月19日：特斯拉市場資本來到五百三十億美元，超越福特當時資本額[17]。根據資料，特斯拉在二〇一六年營收七十億美元，其中虧損了六億七千五百萬美元——市值卻仍高於通用汽車，也超過福特。

4月24日：優步因使用祕密程式（內部稱之為「地獄」）追蹤Lyft的司機，捲入訴訟紛爭。此程式據稱可讓優步查看單一區域內有多少Lyft司機，以及他們的載客費率。

5月18日：特斯拉工廠員工對《衛報》表示廠內工作環境不佳，指出不僅工作壓力大，還發生過重大工傷事件。這些員工將責任歸到馬斯克身上，因為他訂下極高的生產目標。文章寫道：「自二〇一四年起，廠內召來救護車的次數超過一百次，原因則是有員工暈倒、頭暈、疾病發作、呼吸不順與胸口悶痛等，以上資料皆引自《衛報》取得的事件報告。除此之外，還有數百次是因受傷與其他醫療問題而叫來救護車。」

5月23日：優步承認其對紐約市的司機支付的酬勞過低，因為公司抽成的比例較原先協議更高，因此被勒令支付九千萬美元給司機。

5月27日：卡拉尼克的母親波妮於乘船遊湖時意外身亡。

6月1日：特斯拉解雇了范德海登（AJ Vandermeyden），因為她在二〇一六年八月以性騷擾與性別歧視問題，對公司提起訴訟。特斯拉出面聲明：「本公司決定終止合約，是基於范德海登女士罔顧證據，提出的指控根本上有誤，並出現誤導他人判斷之行為，並非是為報復范德海登女士之起訴而有此舉。」

6月2日：美國宣布退出巴黎氣候協定後，馬斯克與迪士尼執行長艾格（Bob Iger）也都離開了川普的顧問團。

6月6日：優步因性騷擾風波與進行內部文化探查，又開除了二十餘人。

6月7日：消息指出，在爆發優步司機強暴女乘客事件後，一名高階主管非法取得受害者的醫療紀錄，目的在利用該資料來質疑對方通報的事實。據科技網站Recode與《紐約時報》指出，在記者報導此事件後，該主管便立即遭開除。

6月13日：卡拉尼克宣布無限期休假，並在一封電子郵件中對員工表示：「我需要休假，遠離日常生活，好好悼念家母，上週五她方才入土為安。我也將反省一切、充實自我，並專心打造出一個世界級的領導團隊。如果我們要推出優步2.0，那我也要努力成為卡拉尼克2.0，成為這家公司需要的領袖，好配得上各位的付出。」

6月21日：五名大股東對優步施加壓力，迫使卡拉尼克辭去優部執行長一職，永久下台。

7月6日：加州境內特斯拉車輛的登記量驟降百分之二十四，而加州本是特斯拉最大的市場。有篇雜誌文章便寫道：「特斯拉拒絕回應有關加州登記量下降的問題，並在週一新聞稿中再次提及特斯拉在第二季的表現，即全球銷量較一年前上升百分之五十三，增長為一萬兩千輛Model S與一萬輛Model X，也輕描淡寫避開一般原先預估的兩萬兩千九百輛數字。」

8月7日：據「全球市場資訊源」（Inform Global Markets），特斯拉首度發行高收益的垃圾債券，發行規模為十八億美元，較一般預期高出三億美元，利率為百分之五點二五。美國全國廣播公司財經頻道（CNBC）則指出，特斯拉光是第二季便浪擲十二億美元開發新車款。一名投資專家撰文道：「發行如此大規模債券，開出的條件卻讓投資人提不起勁，在高收益債券市場中純然是瘋狂之舉。特斯拉此次發行債券，簡直是故弄玄虛，可都是馬斯克的功勞。」

從以上的事件時間軸來看，顯而易見，馬斯克能克服萬難，在艱困時期全身而退，比起卡拉尼克的處境好得多——但為什麼會這樣？

先來看看兩位執行長如何回應入境禁令，就能更明白這是怎麼一回事。人們也看到了兩種不同的回應：一人回應情勢，一人主動出擊。在卡拉尼克回應之後，優步便設立了法律扶助基金，提供優步司機移民與翻譯服務，他也分享在Facebook上。聽起來是個好主意，對吧？然而，問題是他的回應是被動回應情勢。是因為很多人揚言「刪掉優步」，他才做出回應，而不是針對問題的根源——入境禁令——提出任何方案。

換言之，他打從一開始就沒有觸及大家生氣的原因。他沒道歉、沒扛下責任，甚至未曾出面承認以下這則推文確實存在過。

崔維斯・卡拉尼克
1月29日

這是挺身支持司機社群之舉：

本人謹此寫下這封電子郵件，寄給受移民與入境禁令影響的司機，因為總統簽下的禁令是不公平的：

優步始終相信，起身支持正確的事才是對的。如今，我們需要你也挺身而出，為這些可能受此不公禁令波及的司機，給予支持。

若司機為伊朗、伊拉克、利比亞、索馬利亞、蘇丹、敘利亞或葉門公民，現居美國但因故出境，將無法在九十天內重新入境。如此一來，他們在這段期間內將無法工作，無法賺錢養家。

同為社群一份子，我們都應盡心盡力協助這些司機。以下是優步要做的：

- 為試圖重新入境美國的上述司機提供全天候法律扶助。我們會請律師與移民專家提供全天無休的電話扶助服務。
- 補償司機損失的收入。此舉可協助他們維持一家溫飽，不致因為無法返美而全家斷炊。
- 敦促政府立即恢復美國住民入出境權利——不論國籍為何，都應公平對待。
- 設立三百萬美元法律扶助基金，提供上述司機移民與翻譯服務。

若你本身就是受影響的司機，或有親友受到影響，請透過以下表單聯絡我們：https://goo.gl/forms/AIJTivooFxuExX1p1。

優步是一個社群，理應一體同心，彼此扶助。移民禁令方向錯誤又有失公允，因此請協助優步，向這些可能受禁令波及的司機伸出援手。

崔維斯

此文傳達的訊息無法讓讀者感同身受，令人覺得彷彿是對一面牆說話。經營個人品牌，不論是主動出擊（有需要之前即已建立品牌並善加維護），或回應需求（為解決問題或挽救聲譽才建立品牌），都不需要提到你對別人的付出，或形容自己或公司。重點在於如何打動人心、如何引起別人的興趣，以及他們在你和別人面前如何形容你。

從媒體和大眾的角度來看，卡拉尼克從未對加入川普顧問團隊一事提出解釋，因此大家只好自行推測。卡拉尼克也從來沒在推特上表態支持對移民禁令的抗爭，優步反而藉此發推文來爭取更多載客生意。在卡拉尼克面對反彈時，他的回應方式是砸錢處理眼前看見的問題，而不是去面對引發抗爭的真正問題，因而在大眾眼中，他便淪為一個以義士自居實則只重利潤的執行長。

馬斯克對入境禁令的回應方式則略有不同。他沒坐等群眾反彈，便先在推特上分享自己的看法，他沒提供解決方案，但是回應了人群。

伊隆・馬斯克 @elonmusk・1月28日
一概禁止特定穆斯林國家公民入境美國，絕非解決本國挑戰的最好辦法。
2.7K 20K 57K
伊隆・馬斯克
@elonmusk
追蹤
很多人都被這項政策波及，而他們可能都是熱烈支持美國的人。他們做了對的事，沒對不起任何人，不該被拒之門外。
下午 4:35 2017 年 1 月 28 日
13,382 Retweets 40,957 Likes
1.2K 13K 41K

翌日，他又發了另一則推文，請大家自己讀一讀那則行政命令，給他一些回饋，好讓他呈給總統，並尋求顧問團隊的共識。這則推特做到了兩件事：首先，對群眾拋出問題，詢問他們為什麼氣憤，並請他們詳細說明，這讓馬斯克表現出聆聽的姿態。其次，他的回應讓自己走進一個能提供協助、促成改變的位置上，一般人可以透過他將意見帶進白宮。一夕之間，馬斯克加入總統顧問團的理由突然成立了——為了在既有體制中促成改變，一切聽來相當合理。

在維護個人品牌方面，馬斯克可說是主動積極。他給自己的人生訂下一則使命：「拯救世界。」他可以加入川普的經濟顧問團隊，也可以發射火箭，大談自動駕駛汽車，又敢保證推動最低收入制度。因為這都符合他的個人品牌目標，大家都看得到他是什麼樣的人，所以無論馬斯克做了什麼令人半信半疑的事，大家都會先暫停下來，想想他們是否忽略了什麼。既然馬斯克總是一心一意想拯救世界，那他現在想必也是為了這個目標在奮鬥。

為回應公眾反彈，卡拉尼

伊隆・馬斯克 @elonmusk ・1月29日
請閱讀入境禁令。請讓我知道需要修正的特定部分。我會努力在顧問團隊中促成共識，也會把意見提供給總統。
川普總統禁止難民入境之行政命令全文
以下為川普總統簽署的行政命令，內容為無限期禁止敘利亞難民入境美國，並對四國……
Blogs.wsj.com
3.1K
3.9K
10K

克退出川普的經濟顧問團隊，但馬斯克卻沒這麼做。理論上，卡拉尼克和優步在華盛頓州法院簽下意見陳述書，表態反對禁令時，理應宛若巨星般受到眾人追捧，實情卻非如此。卡拉尼克也做了另一件馬斯克沒做的事，也就是「協商」。卡拉尼克曾出言譴責團隊作為，之後卻貌似為了生意著想而停止反對，接著又表示要把錢捐出來，最後則辭掉顧問一職……一連串反覆的行為，只會讓眾人搞不清楚卡拉尼克真正的用意是什麼。從這個例子來看，有影響力的人面臨壓力時，也可能想透過讓步來避免衝突，結果反而遠離問題，也離一般大眾越來越遠。

而在性騷擾事件爆發後，卡拉尼克對此立即作出回應。他派董事會成員協助處理問題、聘請首屈一指的顧問團隊、開除執行長級主管，並針對相關指控開啟全面調查。

我們來看看他的遣詞用字吧，到底為何會讓聲明無法發揮任何效果？

我已經看過富勒的部落格，其中描述的情況令人深惡痛絕，也違反**優步**支持與相信的一切價值。**我本人第一次發現有此等情事**，已指派本公司新任的人資主管進行緊急**調查**。我們向來盡力將優步打造為公平的工作環境，絕對不能發生這種事，**任何有此行為或對此不以為意的人，都會遭到解雇**。

他選擇使用「我」和「優步」，而不是「我們」，便顯得自我中心，也無法顯出一體同心的感覺。卡拉尼克表示是首次聽到這個問題，此話會讓許多人覺得虛偽，而且這暗示了他無法取得下屬的信任。他接著提及要進行調查，並威脅開除現任員工，顯示了他似乎較相信富勒這位前員工的話，而不相信當前還為他效力的其他人。

同樣面對性騷擾與性別歧視的訴訟問題，馬斯克和特斯拉則採取不同方式來應對。這是特斯拉對科技新聞網站TechCrunch的聲明，我同樣用粗體強調了好的用詞範例：

> 特斯拉一向致力於打造正向積極的工作環境，令**我們所有員工**都**免受**歧視之苦。范德海登女士在二〇一三年加入特斯拉，服務於行銷部門，雖無正式工程學位，她仍努力不懈，接連勝任工程相關職位，一路升遷至總組裝廠(General Assembly)。儘管她投訴遭受公司的性別歧視，實際上仍不斷獲得晉升機會，這正證明特斯拉極力回報員工的辛勞與能力。一年前，范德海登女士首次提出性別歧視問題，我們立即請來中立第三方，即EMC2Law事務

所的希爾博律師，對此問題進行調查。若能取得正當依據，我們即可採取適當的行動處理。在徹底檢驗相關事實後，獨立調查人希爾博做出結論，認為范爾海登女士「針對性別歧視、性騷擾與報復的主張，均無證據可支持」。范德海登女士的文章未能提供上述前因後果，其敘述頗有誤導之嫌。

請注意，這裡用了「免受」（歧視之苦），而非「對抗」歧視或類似的抗爭用詞；「我們所有員工」則強調公司內的團結一體。同時，對該名員工的故事也交代得很完整，特斯拉承認曾收到對方的抱怨，並說明公司已採取行動。特斯拉並未貿然躁進，而是請來中立的律師進行調查，並表示若指控屬實，公司也將採取必要對策。聲明中多次提及該員工的名字，並在最後一行則提供完整脈絡，點出當事人敘述的故事可能並不精確且誤導讀者。

在卡拉尼克「對優步司機爆粗口事件」鬧得沸沸揚揚的同時，馬斯克則採納一名小學五年級學童的行銷建議，再次證明聆聽與真誠回應才是智慧之道。卡拉尼克後來寫了封電子郵件給內部團隊，稍後又重新發布到公司部落格上，郵件內容如下：

此刻，我確信各位都已看過那段影片，看過我對那位優步司機失禮的態度。若只說我深感羞愧，遠遠不足以表達。我的工作是這家公司的領導人，應該領導大家……我的一舉一動都應讓我們所有人能引以為傲。我令大家失望了，這也並非解釋幾句就能雲淡風輕。無可否認，這支影片真實反映出我的一面——目前為止，我們遭受的批評也成為嚴厲的提醒，我身為領袖應做出根本改變，變得更成熟。這是我第一次承認，自己身為領袖有所不足，需要借助外力來成長，而我也有心去做。在此，謹對佛西（Fawzi，即遭辱罵的司機）、全部司機與乘客社群，以及優步團隊都致上深切歉意。

這篇備忘錄是寫給優步團隊與一般大眾的，問題是，他用同一則訊息對兩組不同的人對話，顯得既非私人也不真誠。

這令我想起我弟的建議，有一次他和我討論使用Snapchat的問題時，特別跟我說：「辛西亞，別把你放到限時動態的自拍又傳給我。如果都是一樣的東西，我會覺得自己在你心中沒那麼特別。」我弟說得對，個人照片或影片好比私人訊息，唯有少部分人才能看見時，才是珍貴的。

爆粗口事件鬧了幾天之後，特斯拉也遇到工廠員工抱怨工作環境不佳、場內工傷頻傳，且班表安排方式簡直瘋狂。以下是馬斯克對此事的回應：

> 我非常關心各位的安全與福祉，無奈文字無法精確傳達我的心情。凡是得知任何人在為特斯拉製造汽車時受傷，又想到他們如此為特斯拉的成就費盡心力，我總是異常難過。從今以後，我要求任何工傷意外都要直接向我報告，絕無特例。
>
> 目前我每週都和安全團隊開會，也希望等受傷的員工好轉之後，能去逐一探望他們，好了解我們該做什麼，才能讓一切更好。我會到生產線，實際演練一次他們平日的工作。特斯拉所有主管都應如法炮製，這是理所當然的，因為在特斯拉，我們是站在第一線領導，不是躲在安全舒服的象牙塔指揮下屬。主管階層應永遠把團隊的安全視為第一要務。

馬斯克並未解釋為何發生工安意外，卻也沒有否認意外發生或譴責受傷員工。他反過來擔下責任，提出方案，親自發現問題所在，並且賦予公司經理階層相同責任，要他們跟著他上生產線。

他傳遞的訊息確實反映出他的核心使命：「拯救世界」。他確保員工理解，他們不只是一批批數字或問題，而是活生生的一個個人。他真的相信這些嗎？誰知道，但他的個人品牌可以服眾，讓我們相信他就是這麼想。

另一頭，優步則寄了封電子郵件給每位司機，回應司機收入短少的問題，以下是當時轉載到Recode雜誌上的郵件內文：[18]

敬愛的［司機名字］：

我們發現，由於你收到的費用明細與服務條款不符，因此我們對你欠款938.65美元。

我們深表歉意，目前問題已修正，也已設法確保這類事情不會重演。2014年11月10日至2017年5月21日期間欠款，優步將併同利息以一次性付款支付。為確保付款正確處理，請前往vault.uber.com確認銀行帳戶資訊都已如實更新。

我們會在七天內將938.65美元匯入你的銀行帳戶，並歸檔紀錄。

此外，在5年22日星期一，我們會再通知你紐約市車資調漲2%至3%的相關事宜。

跟特斯拉開除控告性騷擾的女員工一事的處理兩相對照，可以發現，有件事馬斯克和特斯拉都很清楚，但卡拉尼克和優步都恍然不知，即是「執行長」和「公司」在公眾與投資人眼中實為一體。發生問題時，特斯拉得審慎且詳細地回應，馬斯克也一樣。你的個人品牌會影響你做的一切，不論你任職的公司、你的親人、參加的組織，或就讀的學校等等。因此，優步在推特有任何發言，卡拉尼克都得一併承擔後果。在攝影機前對優步司機大呼小叫的是他，但公司也得和他一起接受公評。

後來，卡拉尼克辭去執行長一職，離開了優步。另一方面，儘管特斯拉蒙受虧損，仍超越福特與通用汽車，成為全美市值最高的汽車製造商。ＣＮＢＣ曾報導特斯拉在二〇一七年虧損了十二億美元的營運資本，之後馬斯克則募得十八億美元（較預期多出三億美元）。[19]

從結果可知，不論投資人、股東或執行長，甚至連一般消費者都開始發現，有了好的故事和強大的個人品牌，便能帶給新構想莫大的支持。以上我們已檢驗馬斯克和卡拉尼克採取的不同行動，也發現兩人的商業選擇並非總是南轅北轍，真正的差異在於一人採取主動，一人採取被動，這才是大大影響各自發展的關鍵所在。

8 玩個遊戲吧

商業、軍事、經濟學與政治學上都會採用「賽局理論」，以數學公式分析競爭情境的策略，探究一方玩家決策如何受另一方行動影響。根據韋氏字典定義，「賽局理論」是「分析涉及利益衝突的情境（如商業或軍事策略），其中對立玩家各有得失」。賽局理論會使用數學公式來預測玩家獲得的報酬，並預測玩家後續會發展出何種策略。

要解釋賽局理論，最好先舉一些不是賽局的反例。賽局理論並不能根據單一個人的行動來預測結果，比方說：鮑伯告訴安要給她五十元，只要她能在一週內學會西班牙文字母。

如果安想要這五十元，唯一的阻礙就是自己是否有意願，以及是否有能力在期限內學好。因此，用以預測結果的唯一因素，只取決於安的表現。

由此可知，要應用賽局理論，必須有多名參與者，報酬內容明確，且每名玩家的報酬都是根據其他人的決策決定。這套理論的一項基本假設是：賽局中所有玩家都負責任且理性。這也部分解釋了為何賽局理論不能解釋單人賽局，因為如果只有一名玩家，報酬便完全以此人的行動決定，也就是單單這一個人做不做得到的問題。賽局理論還分為兩類：非合作賽局與合作賽局。

非合作賽局情境

一般常見的案例是「囚徒困境」，會設定兩名玩家遭到逮捕，各自得決定是否要提供資訊，讓另一人入罪，或者選擇保持沉默，卻不知道對方會怎麼選擇。若其中一人選擇緘默，另一人指控，則緘默的那方入獄，指控方獲得釋放。若雙方都保持沉默，則兩人都會判處相同或較短的刑期。或者，兩人互相指控，則雙方都輸了。

那麼，困境中的兩人該怎麼做？賽局理論稱此情境為非合作情境，因為任一方當事人都無法與對方溝通。

在囚徒困境，可能的報酬如下：若A和B互相背叛，兩人都得坐牢兩年。如果A背叛B，但B保持靜默，A會重獲自由，B則得服三年刑期（反之亦然）。假設A與B都對彼此罪行閉口不談，兩人都只需坐牢一年（也就是最短刑期）。在賽局中，對雙方各自來說，「最理性」的選擇應該是背叛對方（因為有機會重獲自由）。然而，在現實中人類傾向採取合作，而非單純以理性維護自身利益。

現實生活中的囚徒困境

假設你從Airbnb租了間房子，但是房東沒說明他們也住在這屋裡，結果你必須和他們同住一個屋簷下。你很想抱怨這件事，但也不希望因此被房東留下負評，這時你有什麼選擇？你可以向Airbnb投訴，然後得到這次租屋的折扣，卻也讓房東的檔案留下負評。或者，你可以假裝沒事，一聲不吭。

在你不滿對方沒有誠實告知同住的問題同時，房東對你其實也有怨言，因為你事前沒提到你有抽菸（雖然你都到室外抽菸，但房東一家還是很感冒）。他們也能跟Airbnb投訴，從你的押金裡面扣錢，並給你留下負評，或者他們也可以裝作沒事，一言不發。假如雙方都向Airbnb投訴了，那麼雙方都會收到負評，也得不到額外補償。

下一頁的表格列出了幾個可行的選項。理性的選擇是投訴，並努力爭取折扣，同時對雙方有益的最好結果（報酬），是大家都不吭聲。你當然也可以不投訴對方，卻給出負評，但對方也可能會做一樣的事。

在共享經濟中，我們便很常面對囚徒困境。比如優步讓駕駛對乘客評分，反

囚徒困境

結果 A		結果 B	
房東投訴，留下負評；你的押金被收走。	你向房東本人抱怨，但沒在線上投訴。	房東當面向你抱怨，但沒在線上投訴。	你去投訴，留下負評；你收到部分退款。
房東	房客	房東	房客
+1	-2	-2	+1

結果 C		結果 D	
房東當面抱怨，但沒上網投訴。	你當面抱怨，但沒上網投訴。	房東投訴，留下負評。	你投訴，留下負評。
房東	房客	房東	房客
0	0	-1	-1

之亦然，但雙方都看不見對方的意見。每當我們和提供共享服務的公司抱怨，就可能收到退款或抵用額度，對方則會得到懲罰。

之所以應用非合作賽局理論，目的在於預測情境中另一方的策略，好讓自己贏得報酬。在上述例子，報酬就是得到金錢補償，並避免網站上的負面評論（即結果B，房客部分），或者達到所謂納許平衡（Nash equilibrium）。

用在上述情境，納許平衡是指：「我留負評，不會得到任何好處，對方留負評，同樣不會得到任何好處，所以我可以假設我們雙方都會留負評，因為這是所有結果中，最好的情況。」若當事人各自選擇策略，好讓自己獲得最佳報酬，且知道對方不能改變主意，那麼雙方便處在納許平衡中。這套理論可以解釋為何至今沒有發生核武大戰（因為在這種戰爭中，沒有任何一方會成為贏家）。

非合作賽局理論是以單獨玩家之間的競爭為基礎，這場「競爭」中不包含任何加強合作的因素，也沒有任何一方玩家能透過改變自身策略來影響結果。這套理論可解釋為何每位玩家會考量自身利益，選出最佳解法。如果情境改變，玩家有可能輸，但不可能得到報酬，賽局中便會出現妥協的情況。

合作賽局理論

在賽局理論中，合作賽局指的是有多位玩家參與的賽局，彼此合作來達成共同目標，同時有外部因素（如具法律效力的合約）來加強合作。

比方說，你們組成了一個聯盟，或稱為合作賽局中的一群玩家。在每次的賽局裡，每名玩家都負責完成不同任務，那麼這個團體的所有收益分配或成本分攤，理應根據每位玩家貢獻的價值來決定，稱為夏普力值（Shapley value）。這種區分團體內部貢獻的做法，簡單的例子像是做團體報告的一組學生，複雜的例子則如一群設法解決全球暖化問題的科學家，應用情境十分廣泛。

採用夏普力值的主要目的，在於判斷誰會得到什麼、怎麼分配才公平，以及決定的方式。例如，執行長的貢獻比行政助理大嗎？其中的差距要如何反映在報酬上？夏普力值以四條公理（或稱數學原則），來闡述這些問題。

1.邊際貢獻：每位玩家貢獻的價值，以假設賽局沒有他們的情況，來計算因此獲得或失去的價值。換句話說，假如你的工作是打推銷電話，要是你休假一天，公司就少打出三百通電話，那麼你貢獻的價值就是三百通電話，因為沒有了你，公司就會損失這麼多價值。

2.可取代玩家：這指的是，若某位玩家的貢獻能由另一人頂替，且不會對其他玩家造成明顯損失，那麼這個人便稱為可取代玩家。設想有兩個人，在公司內的職務相同，理論上，他們的報酬金額應該相等，公司也應該要求他們貢獻相同的工作量。

3.毫無貢獻，報酬為零：這一條是探討每個人對工作貢獻的程度，以及他們應得的回報。只有在「能貢獻卻不貢獻」的情況下，這一條才有意義。若團體決定讓無法貢獻者也分得利益（例如病假支薪），則排除在此條討論範圍以外，因為「無法貢獻，但能得到利益」，跟「能貢獻卻不貢獻」，兩者是非常不同的，應予區分。

4.根據不同部分，決定成本或支出：成本與報酬應根據實際工作的部分決定。例如，你和同事一起工作六小時，那麼兩人都能得到六小時報酬。不過，如果你只工作三小時，同事則做了六小時，那麼你只能拿到三小時酬勞，同事則可拿到六小時酬勞。

上述所有合作原則都可應用，便於建立公平的合作關係與團隊關係。若想找出在組織內發展個人品牌的機會，這些規則也可派上用場。

個人品牌策略中的賽局理論：我的百萬追蹤者之路

一開始累積線上追蹤人數時，我便知道要花很多時間，要花無數個小時來培養讀者。首先，我決定找出更快且更有效率的方法，讓我累積粉絲的速度勝過別人。我選擇運用賽局理論與資訊社會影響力，以便盡快得到追蹤人數。

我先觀察推特上有藍色勾勾的帳號有何特徵。原本這是用來確認哪些帳號是名人、新聞組織、媒體、出版商、記者與其他容易被冒名者的本尊，但走到了二〇一六年末，所謂驗證這回事已經有點神祕，漸漸成為菁英地位的象徵。

從非合作賽局理論來觀察社群媒體，可見追蹤數與藍色勾勾都成了一種證明，標記出誰是重要人士與成功人士。

從國際社會影響力的角度來看，藍色勾勾標記也可視為一種權威指標，比如追蹤者眾多的社群媒體帳號。此時，我需要讓本身追蹤人數很多的帳號儘量來追蹤我，或者吸引一些獲得認證的帳號追蹤，同時間我也得努力爭取推特的認證。

這個計畫最主要的考量是：依據賽局理論的假設，大多數人都會選擇遵守推特訂下的規則，以及社會上約定俗成的規範。

假設多數人都會認定驗證小勾是給公眾人物使用，並且會用正當手段獲得認證。我們也假定，這些追蹤人數多的帳號，本身不會追蹤太多其他帳號，而一般普通人則以追蹤自己認識、聽過或有興趣的人為主。

另外，我們也假設，獲得認證的帳號主人會認定自己對推特握有一些特殊知識，也以權威自居。這表示，他們玩推特的方式可能和無認證者不太一樣。

以下是另一種觀點：推特運作的原理，是假設每個人（賽局中的玩家）都會去連結自己認識的人，並根據「別人的貼文」以及「自己對貼文內容」的看法，來決定是否追蹤（或因為對方是名人而追蹤）。接著，推特會根據目前追蹤、有往來或喜好相同的帳號，建議使用者追蹤其他帳號。

所以，我得做的第一件事是爭取讀者信任，建立起下列的「信任訊號」：

- 信賴度（前後一致）
- 回饋效率（回應他人的情況）
- 可信度（擁有被推薦資格，例如帳號獲得認證，或擁有上百萬追蹤人數，其中包含有影響力的追蹤者）

接下來，我得確立影響力的中心——也就是對數位行銷對象，以及在社群媒體中最有影響力的帳號。假如我希望成為數位行銷方面的中心意見領袖，就需要跟這些帳號連結。

最後，我得建立一套有時程規劃的策略，注意，我不是指發布貼文的時間表，而是「溝通時程」。我看過很多人分享溝通時程表，但他們累積的追蹤人數往往不如我理想中的多，而我的目標是經營出超高互動度且超受關注的追蹤群。

於是我判斷，最好的方法就是設立推特聊天室，主動開啟對話。推特聊天室可用來討論各種產業與主題，我曾替醫療照護、保險與出版業等領域的客戶建立聊天室，讓他們和追蹤者互動，便證實這是可行的。推特聊天室可告訴追蹤者能聊天的時段，比如一週一次或兩次（或者你方便的時間）。

我還需要確認對我的主題有興趣的主要群體是誰？我做了番研究，發現倫敦、舊金山、紐約與洛杉磯的追蹤者，是對「社群媒體」與「數位行銷」最有興趣的。所以我選擇一個對以上地點所在時區都方便的時段，主持推特聊天室。

我還得建一個標籤讓其他人可以快速加入聊天，因為標籤可在推特的大量資訊中分出一條討論串（feed），有點像是有自己的一個頻道。我決定自稱「社群媒體女子」（The Social Media Girl），標籤則是#TheSMGirl（對，我知道這樣縮寫可能讓人誤會，但我考量的是能否引來關注流量，並在搞錯狀況的人加入時，能感受到一點幽默）。

我每星期四都用#TheSMGirl標籤固定開一次聊天室，談論社群媒體與數位行銷新聞。我會在每星期一公布當週主題，星期二則準備好五到十個相關問題。我也會利用聊天室對觀眾提問，從中學到很多以前不知道的事，並分享我的所知。

我也把聊天室寄到「推特聊天目錄」，這類網站提供行事曆功能，讓有興趣的人可以輕鬆找到聊天室，然後加入聊天。

我的第一個推特聊天室大概是這個樣子：

第一則推文：我的#TheSMGirl推特聊天室即將在今天，也就是太平洋時間星期二中午12點開始！本日主題是「如何利用Facebook社團建立社群」。

第二則推文：我的#TheSMGirl推特聊天室即將開始！本日主題：「如何利用Facebook社團建立社群」。

聊天會以問答方式進行。我先提出Q1作為第一個問題，接著以Q2為第二個問題，以此類推。加入聊天的人可以看到第一個答案是A1（接著也是以此類推），方便追蹤問答內容。每次發問也會間隔五到十分鐘，好讓大家有機會即時回答及參與。範例如下：

Q1：如何利用Facebook社團帶動社群發展？#TheSMGirl

Q2：有什麼方法可以從別的網站招收潛在成員，吸引他們加入你的Facebook社群？#TheSMGirl

Q3：你最喜歡哪些Facebook社團？這些社團有什麼特別的地方？#TheSMGirl

一有人回答問題，我就會立刻將他們加進一個名為「#TheSMGirl聊天室」的推特名單。如果回答的人已經在清單上，我就會說：「歡迎回來，[名字]

#TheSMGirl」如此一來，他們會更有參與感，願意回鍋來互動。

很多回應的人都不會在回答內容加上我的標籤，這時我會傳訊息給他們：「感謝你加入聊天。麻煩你在回答的內容加上#TheSMGirl標籤，方便其他人追蹤聊天串。」

在這樣的推特聊天室中，我會特別邀請我認為有影響力的帳號來參與討論，一旦聊天室中有人邀請他們回應，他們通常不會拒絕，而我也能因此和對方建立連結，對他們的追蹤者和推特來說，這可以增加我發出的信任訊號。

要是你有興趣開推特聊天室，可以參考我的數位手冊，請參閱：cynthialive.com/platform。這本數位手冊會介紹建立推特聊天室的技巧、聊天室目錄與相關工具。

究竟推特聊天室對經營我的品牌有何幫助？其實，使用推特不只是要累積追蹤人數，也要爭取「對的」追蹤者類型，好讓自己能影響特定的垂直市場，或者特定產業。

在我主持推特聊天室時，來回答問題的人都會不斷使用有關數位行銷的關鍵詞。事後，擁有部落格的人會寫文章討論聊天室裡的話題，並附上我的個人檔案超連結。如此，推特和Google的演算法就會知道，這些人全都曾向我尋求數位行銷方面的建議。

我也會鼓勵參與討論的人訂閱我的推特名單「社群媒體女子」，訂閱的人越多，這份名單就越受信賴。就算沒有在推特上追蹤我的帳號，只要曾和我互動，我也將他們加入名單中，這些人和我的連結就會變得更緊密，因為其他人每訂閱一次名單，都會更確立名單的價值。不斷重複以上流程之後，推特只要發現有人正在尋求數位行銷建議，就會推薦他們追蹤我。這個策略的效果究竟多好？不妨看看關於意見領袖的研究吧。

二〇一六年十二月，《Inc.》雜誌刊登了一篇題為〈數位行銷人在推特上追蹤的意見領袖〉，內容是以一篇研究為基礎。在這篇文章中，我名列第十二，介於兩位創業家，也就是第十一名的賽斯．高汀（Seth Godin）以及第十三名的川崎（Guy Kawasaki）之間。

二〇一七年九月，以分析網路影響力聞名的網站Onalytica發表了一篇研究，列出在以下領域最具影響力的人士：

社群媒體
行銷
分析與資料
影片
B2B
寫作
意見領袖行銷
行銷機構
開發潛在客戶（透過數位行銷與網際網路）
內容策略

這篇研究列出每個領域中最有影響力的二十五個人。在社群媒體領域，我位居第二十二名；在影片領域，我名列第三；在寫作領域，名列第十二；在意見領袖行銷部分，我排名第二十；在機構方面，我位列第八；在內容策略領域，我則是第二十四名。

二〇一七年七月，調查公司Tenfold發布一篇研究，列出一百名最有影響力的行銷專家。我排名第八，榜上還有第一名的創業專家范納洽，以及第三名的暢銷作家費里斯（Tim Ferris），前面提到的高汀則名列第十六。

之所以提這些，是要告訴大家，我二〇一四年才開始踏上「成為意見領袖之路」。自從那時起，我便在數位行銷領域耕耘，努力成為發言有影響力的人、累積超過百萬名追蹤者和廣泛的資歷。我研究演算法、釐清規則，同時勇於打破常規。我善用推特聊天室，將自己要傳遞的訊息聚焦到特定主題，並掌握正確的受眾類型。

我儼然是個「成長駭客」（growth hacker），更準確的說法是：我有個朋友是成長駭客，而且頗精於此道。我們決定我要經營的帳號類型，然後擬定策略、合作無間，實現一切計畫。以下是我們進行的方式：

我告訴這位朋友想吸引的受眾類型，他便替我建了一份受眾名單。我再根據特定關鍵詞來追蹤這些人。如果互動過，就將他們加到推特名單，除非我們一直都沒互動過，否則絕不取消追蹤。如此，我便透過推特聊天室創造了大量與受眾互動的機會。

運用賽局理論的理由

合作賽局理論的其中一項概念是每位玩家貢獻的價值。也就是先計算在A玩家參加賽局的情況下，整體能創造的總價值，接著再扣掉若A玩家不在賽局，整體又能創造多少的總價值，如此便可計算出每位玩家各自的貢獻。以上述情境為例，我連結到的帳號與開啟的對話越多，我的帳號便在整個賽局中顯得越有價值。

另一個可援用的賽局概念是信號理論（signalling theory）。即便自己的帳號有價值，我也不會四處宣傳或發出一大堆打廣告的推文，我做的是成為特定議題的交流中心。在主持聊天室時，關心討論主題的人便會前來參與，他們都會傳遞出一則訊息：我是值得追蹤的對象。

如果要採用信號理論的概念，應用到社群媒體的成長與個人品牌知名度，都得先客觀看待自己。別問：「如果有很多人追蹤，我能得到什麼好處？」要問自己：「如果別人不再追蹤我，他們會有什麼損失？」

我也問了自己同樣的問題，因此（像很多人一樣）早早發現，我得提升更多策略價值給我的追蹤者。固定主持推特聊天室，能讓別人看到我身處在某個社群中，他們也會認為，我的價值等同於他們看到的這個社群，甚至更高。

我主張擬訂完善的成長駭客策略，納入社群與個別成員的價值，而非只為成長本身而追求成長。如此，你才能成為有影響力的人，建立起個人的品牌，唯有自己真正的價值高低，與你一手建立的社群，以及社群成員能擴散出去的人脈機會是脣齒相依的。

打造加速成長

追蹤人數開始增長後，我每個月平均可增加兩千五百至五千名推特追蹤者，等收到藍色勾勾之後，也該改變一下策略了。此時，我已經追蹤所有數位行銷專家，而想追蹤我的人，八成也都做了一樣的事。那麼，接下來的目標就是找出一套不同的策略，繼續吸引更多專家、企業執行長與創業家來追蹤我。把創業家和企業執行長也加進來，是因為當時想替我工作的數位行銷公司爭取一些生意。

在賽局理論與經濟學討論中，有個稱為機制設計（mechanism design）的領域，和賽局理論的其他概念可說是背道而馳，不過，背後的假設仍是所有玩家都會理性行動。在機制設計的概念中，你可以自行制定賽局的遊戲規則，而不是乖乖照著既定規則進行。

我利用機制設計（還有那位成長駭客朋友的協助）來選擇目標的推特帳號，這些帳號都有我想吸引的追蹤者，我也進一步分析他們為何會追蹤。舉例來說，我想爭取更多關心資料與資訊議題的人來追蹤我，因為這些領域對數位行銷影響很深。於是，我找出擁有「資訊主管」職銜的人會喜歡追蹤的帳號，設法和這些帳號建立連結。如此一來，在他們眼中我的可信度提高了，也增加他們追蹤我的機率（現在，我是資訊主管在推特上最愛追蹤的對象）。

也就是說，我們反過來做，先自行找出特定人群的影響力中心，建立策略來吸引影響力中心與我們連結，再藉機向他們的追蹤者發出信任訊號。隨後，我也會追蹤這些人，因為我假定，經過以上過程，他們更有可能會反過來追蹤我。

結合這種反向設計機制與賽局理論以後，就來到電腦科學與賽局理論的交叉路口，也就是演算法機制設計。這個子領域結合了經濟學、理論電腦科學與賽局理論，為我們設計出可利用的演算法。

演算法怎麼運作？

演算法是設計來執行一套簡單規則的：

- 演算法的各個步驟都必須清楚定義。
- 演算法必須有終點。當演算法完成所有預定完成的步驟，演算法的運作便結束。因此，通常演算法必須以迴圈方式運作。
- 演算法會有輸入與輸出的項目。定義出預期或可能輸入內容後，便設立了規則，接下來就會根據明確定義的回應方式來決定後續行動（例如發生A之後，B就會回應A）。

要利用反向設計來增加推特、其他社群媒體或追蹤引擎的追蹤者，就得多了解這些網站的演算法。我們知道，社群網路上每個活動若不是人類所做，便是由演算法產生。這表示，網路回應人類行動的方式，其實是可預測的。

假若能透過特定人類行動，定義演算法的輸出內容（在此就是推特演算法採取的行動），就能藉由執行這些行動，誘發出我們想要的回應，以建立有利自身的策略。

唯有潛在追蹤者認定你是最值得追蹤的對象，你的推特帳號才有價值可言。所以，可以觀察一下自己的追蹤者（我用了SocialRank來管理），透過分類找出最珍貴的那一群。接著，整理他們的追蹤者名單，限縮到一小類——比方說數位行銷，然後進行追蹤。這些「追蹤者的追蹤者」也可能會反過來追蹤你。

為什麼？因為既然自己認同的帳號也追蹤你，他們就會認為你是值得追蹤的對象。假設歐巴馬的推特帳號追蹤了你，就可假設他的活躍追蹤者之中，可能有百分之五十以上會跑過來追蹤你。若你的推特帳號追蹤某些不認識你的人，他們就更有可能注意到你的帳號。

很多人不願意追蹤別人，因為他們希望自己的追蹤者比例高一些，好展現出知名度。然而我想大部分人都不是什麼名人吧——好吧，也許閣下是一位，但對一般人來說，仿效這些名流的做法往往事倍功半，我們該好好訂下遊戲規則，多和他人建立連結。追蹤其他帳號，才能用最快的速度將自己推到目標受眾眼前。

不知道你是否聽過六度分隔理論？意思是至多透過六個人的關係，你就能連結到地球上任何一個人。不過在推特上，不再適用六度分隔理論，因為人與人之間已經縮短。二〇一〇年，社群媒體分析公司Sysomos進行了一項研究，意圖找出推特使用者彼此間的距離，發現每位推特使用者之間，約僅有五度分隔。

在上述研究中，Sysomos也檢驗了每個推特帳號的人際關係，結果發現，如果造訪五名推特使用者的所有好友，平均可接觸到百分之八十三的推特使用者。若你造訪六名推特使用者的所有好友，平均可接觸的推特使用者將躍升到全體的百分之九十六。

這表示，你不必花太多力氣自己去接觸大量推特使用者。上述研究是二〇一〇年執行的，如今不論演算法、推特追蹤者數和統計數據，都已和當初不同，但整個模式沒有太大改變，這個研究結果仍然很有意義：好好追蹤人際網絡，就能接觸許許多多的人。若在Facebook，使用者之間的距離又更近了。

總之，爭取到推特的藍勾認證是很重要的。另外，不論追蹤或取消追蹤，你也該留意「能追蹤的帳號」數目。如果你尚未獲得認證，每天最多可以追蹤一千個帳號。等到獲得認證，數字則提升到兩萬，或者是增加為你的追蹤上限的二十倍——這樣也能吸引更多人追蹤，一舉增加追蹤人數。

如今只要提交申請，就能驗證推特帳號。現在推特允許也鼓勵個人和品牌提交認證申請，只要前往verifcation.twitter.com/welcome辦理即可。如果你也對社群媒體的成長駭客方法有興趣，推薦你看看Fanbase，這個網站可以幫你建立良好追蹤基礎，技術堪稱業界最佳。

我的會計師曾分享一個難忘的小故事，恰好有助於了解打造品牌和拓展受眾範圍的方法：「我每天開車上班，途中會經過一座橋和一個收費站。假如過了橋，卻不付通行費，等於是逃稅。如果換一條路走，就成了避稅，一切合法。」

推特設下的遊戲規則，對使用者來說並不討喜。推特希望你付通行費，才能通往百萬追蹤者。不過，如果你找到一條新的路走，還是在同一場遊戲裡，卻能夠獲得獎賞。

案例研究：洛杉磯道奇隊也來追蹤我的推特啦

二〇一四年夏，我和未婚夫還有一些朋友同行，去道奇球場看棒球比賽。對戰陣容是洛杉磯道奇隊和費城費城人隊。我未婚夫、死黨和很多其他的朋友都是費城人的球迷，我是整群人裡唯一的道奇迷。

為了和他們的愛隊抗衡，我事先查了些有關費城人隊的趣事，我一邊查資料，一邊在推特和球迷與路人互動，這時我弟看到我的推文，便私下傳訊息跟我聊了幾句。當時，他在內華達大學雷諾分校就讀，學校沒有棒球隊，我們家大部分人都出身洛杉磯，但我弟就是打定主意不支持任何洛杉磯運動隊伍。

以下是我在那場球賽中途發的推文，也正是舍弟看到的那則，還引來了道奇隊的帳號留言。

推文發出後，我弟傳私訊給我，開始大聊道奇隊的壞話。我身為球迷，當然不能忍，同時我也發現大好機會降臨，可以趁機玩個遊戲。我決定利用一下我弟，吸引道奇隊來追蹤我，便向道奇隊發了以

辛西亞・強森 @CynthiaLIVE · 2014 年 4 月 23 日

我正在看 @ 道奇隊比賽——大夥幫忙想想吧！道奇隊為什麼比 @ 費城人打得好？——先謝一個 # 洛杉磯

6 2

洛杉磯道奇隊
@Dodgers
Following

回覆給 CynthiaLIVE

@CynthiaLIVE 喜歡藍色嗎？……道奇狗也一身藍呢。

下午 8:34 - 2014 年 4 月 23 日

1 Retweet **6** Likes

3 1 6

下推特，表示只要他們願意追蹤我，我就取消追蹤我弟。

我弟立刻又傳訊息給我討饒，畢竟我是他當時最有價值的追蹤者，他需要我，才好吸引更多有影響力的人來追蹤。我用螢幕截圖截下他求我的這段對話，回到推特上，再發一則推文向道奇隊喊話。

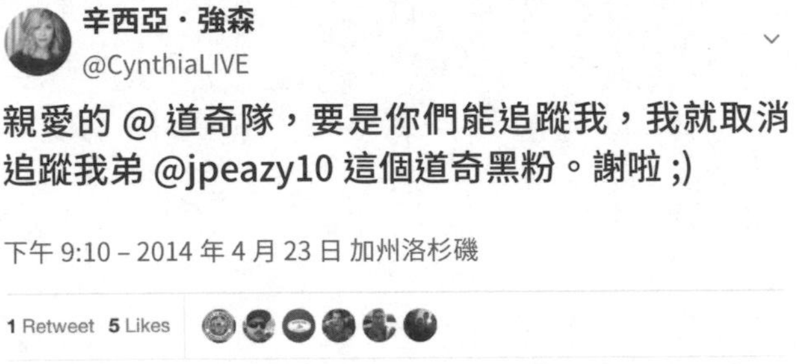
辛西亞・強森
@CynthiaLIVE
親愛的 @ 道奇隊，要是你們能追蹤我，我就取消追蹤我弟 @jpeazy10 這個道奇黑粉。謝啦 ;)
下午 9:10 – 2014 年 4 月 23 日 加州洛杉磯
1 Retweet 5 Likes

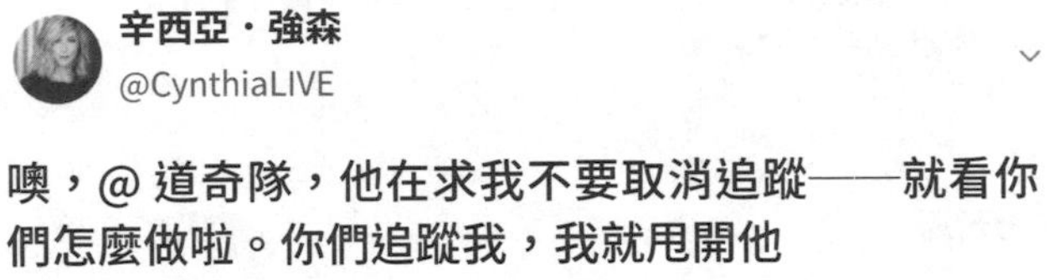
辛西亞・強森
@CynthiaLIVE
噢，@ 道奇隊，他在求我不要取消追蹤——就看你們怎麼做啦。你們追蹤我，我就甩開他

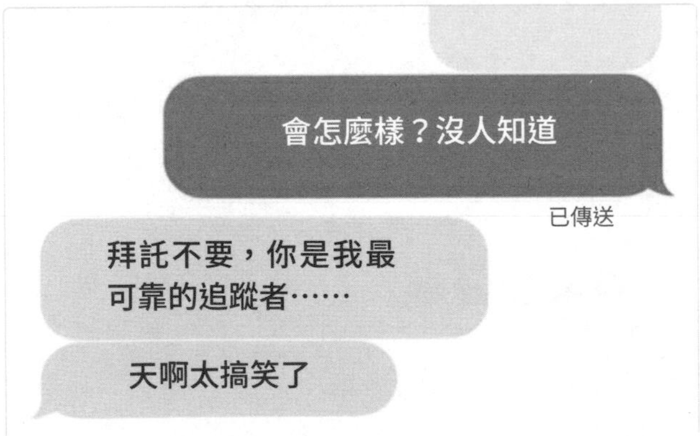
會怎麼樣？沒人知道
已傳送
拜託不要，你是我最可靠的追蹤者……
天啊太搞笑了

好戲已經上場，我和老弟都不確定道奇隊會不會真的追蹤我，過了幾分鐘，這件事成真了！我贏啦，為表慶祝，我又寫了條推特，然後取消追蹤我弟。

辛西亞・強森
@CynthiaLIVE

對新的追蹤者 @ 道奇隊大聲說好——還有要向老弟 @jpeazy10 道個歉，結果我選了道奇隊。# 我愛 LA

下午 9:36 - 2014 年 4 月 23 日 加州洛杉磯

3 Retweets 10 Likes

1 3 10

9

三方關係：機器人也來參一腳

人際網絡太重要了，簡直是個人品牌的一切。你認識哪些人，他們又如何評價你，對個人品牌來說不僅影響重大，也是最珍貴的資產。你將人際網絡拓展得多遠，人脈就有多廣，投入經營的時間越多，建立的網絡也越珍貴。你想追求的一切都已在某條人脈手中，而所有目標也能透過社群媒體上的關係，獲得新知、加速推進並得到引導。

在談可行方法以前，不妨先來了解建立人際網絡背後的思維，好善用線上工具來有效建立人際網絡。隨著演算法與社群媒體公司本身變動，特定的執行項目也可能跟著改變，但背後的想法仍相去不遠。請記得擺脫窠臼，看出別人未曾發覺的新價值。勇於創新，才能獲得真正的影響力並大獲成功。

人際網絡與社群媒體

有個常見的迷思認為，如果在社群媒體上和別人或品牌對話，這些對話僅存在於你和對方之間。事實是，你在網路上進行的任何對話都是三方對話，包含你、對話的對象，以及機器。在賽局理論的世界中，只要賽局中有任何人能左右你的個人結果，都得納入考量。比如你在Facebook上標記某人，但對方因為那天被無數則訊息或通知轟炸，結果沒看到訊息，這也會影響你們之間的關係。反之亦然，也或許是你錯過別人寄來的訊息，從而影響對方的觀感。

這可不是你能控制的：你不是故意漏看，也永遠無從得知別人是否故意忽略你的訊息，但總而言之，你們的關係也許就這麼毀了。

不論在網路上、電話中，或者在任何情境中經營人際關係，凡是透過中介來幫忙傳遞訊息，或許是機器，或許是人，都得考慮到這個居中的第三人可能會影響你與訊息接收者的關係。

建立人際網絡即是交流正確訊息、正確建議、正確地點與正確時間，交織在彼此之間能互助的方法中。眾所皆知，整個世界的連結越來越緊密，人在其中也越見忙碌。人變得越忙，越需要確認自己花費了多少時間。有些人可能從沒機會住在步調比較不緊繃的地方，有些人則一整天都安排得井井有條，只和事先排定的對象聯絡，直到回家放鬆了為止。唯有結合以上觀點，才算是理解了當今世界的人際網絡運作模式。

不過，三邊關係也有一些好處。想成功經營人際關係，機器（演算法）也能助你一臂之力，因為機器能提供情報，讓我們更了解原先不認識的人。機器也幫我們媒合，找出雙方都感興趣的事物，從共同朋友或認識的人拉近關係。如果將社群媒體平台假想為對話中的第三個人，就能從中獲益，更有效建立人際網絡。

為了做到這點，必須考慮當前情境中，每個參與者可能的得失，社群媒體與通訊平台也不例外。就從審視機器人、電腦和演算法的角色開始——在你和想建立關係的對象之間，演算法就是居於其中的社群媒體工具，所以請好好想想，使用演算法對社群媒體有什麼好處？若要盡可能有效使用這些工具，請務必了解社群媒體需要從你的人際關係中取得什麼。

評量演算法有何所求

想知道社群媒體網站與演算法的需求何在，先從錢下手吧。換句話說，先看看企業合作、新產品發表與投資的相關新聞，這些資訊可以讓人輕易找出一家公司的動向，得知在特定時點，對該公司有價值的事物為何。

首先，錢是社群媒體公司最在乎的，他們會花許多時間來找出新的賺錢方法。其次，社群媒體公司都想爭取更多使用者，也希望使用者能安心。第三，他們會希望避免任何垃圾廣告出現。最後，他們要在同業競爭中脫穎而出，搶走對手的受眾。

如何把上述想法應用到經營人際網絡上？先觀察一下當今最受歡迎的社群媒體平台和搜尋引擎，就能發現，眾家服務都提供許多與別人建立關係的方法。分別看看他們有什麼不同的好方法，好讓你能加以運用，推行自己的人際網絡策略。先來瀏覽Facebook、LinkedIn、推特和Instagram各有什麼與人交流的方式吧。

Facebook

- 送出好友邀請
- 解除朋友關係
- 封鎖個人檔案
- 追蹤某人
- 在貼文留言
- 分享貼文
- 張貼到朋友的Facebook頁面
- 對貼文說讚
- 在貼文或相片標記某人
- 邀請別人參加活動

- 邀請別人參加社團
- 建立社團群組
- 傳送私人訊息
- 透過Facebook Messenger語音通話
- 戳一下
- 建議好友給別人
- 募款
- 打卡
- 邀請朋友一起玩遊戲
- 買賣商品

LinkedIn

- 與某人建立人脈
- 追蹤帳號
- 追蹤公司
- 在貼文中標記某人

- 在貼文中標記公司
- 在個人檔案新增並標記公司或機構
- 加入社團
- 在社團貼文
- 建立社團
- 邀請別人加入社團
- 傳送私人訊息
- 應徵職缺
- 張貼徵才訊息
- 取得別人的電子郵件地址
- 查看別人的個人檔案，好讓別人知道你造訪了
- 撰寫部落格
- 使用Profinder搜尋自由接案者
- 分享個人或公司內容
- 建立SlideShare簡報
- 追蹤SlideShare上的使用者

推特

- 將推文加入我的最愛
- 轉推某推文
- 發布推文
- 回覆推文
- 追蹤推特帳號
- 取消追蹤推特帳號
- 封鎖推特帳號
- 將某人加到推特名單
- 追蹤別人建立的名單
- 在推文中提到其他推特帳號
- 在推文中標記某人
- 傳送私人訊息
- 將推文加到「Moments」功能裡
- 向推特檢舉推文
- 向推特檢舉帳號

- 連結到推文
- 連結到推特使用者個人資料
- 嵌入推文

Instagram

- 追蹤他人帳號
- 取消追蹤帳號
- 封鎖他人帳號
- 在動態中標記別人的個人檔案
- 在動態中提到別人的個人檔案
- 在動態留言
- 在動態留言中提到別人
- 向其他帳號私下分享Instagram動態
- 在Instagram發布動態
- 建立Instagram珍藏內容
- 發布Instagram限時動態

一開始，請先確認自己要從想建立的關係中獲得什麼，這是最好的起點。你在求職嗎？想得到推薦信？投資新事業，需要導師或他人伸出援手？不論需要什麼幫助，都請確認你的目標明確。釐清目標之後，便可開始動手策劃。

擬定人脈策略時，有幾個步驟務必牢記在心：在主動接觸某人之前，最好讓對方先注意到你。放長線，才能釣大魚。用幾天時間讓他們先發現有你這個人，讓他們知道你想認識他們，還有你總有一天會主動出擊。

你得根據對方的帳號類型和不同的日程，主動與對方交流。可利用上述不同社群媒體平台的交流方法，寫下自己的腳本。善用對每個平台的了解來進行，並確認想接觸的對象使用哪個平台。以下是一個模擬的範例，說明如何長期經營網路人脈。

第一天：看看對方的LinkedIn個人檔案，確認你的隱私設定，記得要讓別人看得到你造訪過誰的頁面（當然，只有對方真的看到你的造訪紀錄，這招才有用）。進行下一步之前，請檢查對方是否回訪，前來查看你的帳號資訊。若他們回訪了，就在LinkedIn上將他們新增為人脈，並傳訊息給對方，參考內容如下：「我在找（放入任何你在找的東西）的時候，看到你的帳號，發現我們都有（放入他們在個人資料上的內容）。有幸認識（放入任何共通點）領域的人真是太好了。」

第二天：如果對方沒來看你的個人資料，就去找他們的推特帳號並追蹤。

第三天：轉推他們的推特，再將他們加到推特名單。

第四天：在LinkedIn將對方新增為人脈，並和對方打聲招呼：「我在找（〇〇〇）的時候，看到你的帳號，你的經歷可真豐富！剛好，我又在推特上看到我們都（放入你們的共通點或共同人脈）。LinkedIn是交流的好地方，但如果你有空，希望能用電話或電子郵件聯絡，聊聊（放入你想開口的事）。如果你跟我一樣忙，行程很緊湊，時間寶貴，不方便立刻聯絡，也許接下來幾週安排一下，總有機會的。」

第五天：如果對方仍未接受你的人脈邀請，那就先從他們的人際網絡著手，和其中的三個人建立關係，與他們密切互動，並在LinkedIn社團積極活動（有時間在LinkedIn社團發文的人，往往也有時間與人交流，且樂意建立更多人脈）。

第一天的目標是設法讓對方知道，你造訪過他們的帳號頁面，又看見哪些東西。這是讓對方看見你的第一步，你也可以找出其他可行的辦法，爭取對方注意。第二天的目標則是讓對方知道，你是認真、主動搜尋他們的，雙方之所以碰上，可不只是單純的巧合。到了第三天，要讓對方看見，你也是真的對他們寫的內容感興趣。第四天，如果對方還沒主動回應，就主動建立人脈。第五天，假若還沒建立人脈，就得檢討策略。如果成功建立關係，下一個目標就是和對方本人見面，喝杯咖啡聊聊，打通電話也行。

在這過程中，你得慢慢踢掉這段關係中的第三人（也就是演算法），雙方見面不僅更有利交流，也別具意義。既然我們也把社群媒體工具與演算法視為賽局的參與者，這些工具就等同需暫時要排除的第三「人」，才能讓一段值得長遠經營的關係開花結果。

多數情況下，對方如果沒有回應，通常並非刻意忽略你，而是產生「訊息匣倦怠」緣故。我自己也是，每次有人在LinkedIn傳訊息過來，我都要過好幾天才會注意到，因為收到的訊息實在太多了。至於推特的訊息匣我更是力有未逮，裡頭滿是垃圾訊息。不過，假如你用Instagram傳訊息，我會馬上看到，立刻回覆。

你得對準目標，找一個對方不會被訊息或邀請塞滿的平台，方能如願接觸。上述計畫只是範例，要在網路上與人建立關係，還有很多方法，不必拘泥於流程中的個別步驟，真正該費心的是每個步驟的目標，這絕對得好好想清楚才行。

一旦接洽成功，安排好喝咖啡或通電話的時間後，就該準備一套「見面」策略了。自始至終，都別忘了理解對方的需求，設法為對方效勞。有時這個環節很直截了當：對方可能會直接開口，說出他們想要什麼。有時這事可能有點難辦，你得自己探究琢磨。此時不妨考慮你的人際網路：在認識的人之中，對方可能會想認識哪些人？或者反過來，你想結交哪些對方的人脈？如果沒辦法直接幫上忙，或許可以拐個彎，介紹給認識的人。畢竟，我們和任何陌生人之間，距離不過五個人，透過介紹拓展關係，就能連結到任何地方。

雙方碰面後，就得找出下一步該怎麼走，即便彼此可能再也不往來（當然希望別走到這地步），也要好好去做。所謂下一步，可以是引介對方和其他人認識，或者主動追蹤。以我為例，與對方通電話之後，我喜歡再寄封電子郵件，方便對方取得電話裡提到的資訊，或者單純整理一下談話內容，如此一來，對方就會知道我將他們放在心上，可以再來找我。

個人檔案的人際網絡經營建議

請考慮採用以下四點建議，好提升社群媒體個人檔案的品質，改造成最適合經營人際網絡的型態。

務必加上電子郵件地址，說明適合交流的主題

請在社群媒體的個人檔案放上自己的電子郵件地址，並加上附註，讓大家知道你歡迎他們來互動，還有希望交流的內容。你大可一天到晚追蹤別人，找人交流，但唯有他們知道如何聯絡得到你，有聯絡你的理由，他們才會想來找你，否則你永遠只能唱獨腳戲。另外，提供正確的資訊也很重要。

拿我來說，有幾種辦法，我在社群媒體頁面放的是一個專用信箱地址，和我個人網站用的是同一個。之所以另設信箱，是為了與私人及工作用的信箱區別。我會每週檢查一次社群媒體專用的電子郵件信箱，留些時間好好回信。如果希望別人寄信給我，我會在社群媒體上寫下：「我有五分鐘，寫信來聊聊吧！」你如果想比照辦理，可以照抄上面的句子（反正我也是學別人寫的），自己想幾句話也行。總

之，別忘了加上這個訊息。先為別人鋪好溝通的方便途徑，機會就會源源而來，會令你自己都大吃一驚。不妨花點時間，設定一種適合你的聯絡方式吧。

不要整天發文

談到個人品牌與社群媒體，避免發文聽起來還真違反直覺。一般的假設是發布越多內容，看到的人越多，就會獲得更多關注。或許如此，但文章品質也很重要，不能只重量不重質。很多人會為自己的生意或事業經營個人品牌，往往大量發文，但通常發得越多，文章內容越糟。

此外，企業執行長與專業人士都不是網路名人，要是整天發文，容易減損關注者眼中的影響力。一旦發文品質下降，大家就會心生疑慮，心想：「這人整天都在狂發文、分享一堆沒人看的連結，真有時間做好自己的工作？」

所以，發文必須有理由，切勿盲目亂發，例如我會建議你多分享自己寫的文、回應與你有關的內容、分享意見、討論或提問、慶祝及祝賀別人的喜事等等。這才是專業人士在社群媒體上可採取的合宜行動，千萬別一天發好幾次文，假若有人來看你的個人檔案（特別是採用成長駭客的方式，會更容易吸引別人來訪），他們只會看到一堆廢文，真正有意義的內容反而被洗掉了。沒有價值的內容，就不值得堆積在自己的資訊流中。

避免濫用井字標籤

誤用或濫用井字標籤，就好比數位版的「看我！快來看我！我要衝高追蹤人數！」起初，在推特上使用井字標籤是為了建立聊天群組、方便追蹤活動或運動賽事，或發起某種運動。在推特搜尋演算法剛推出不久、仍在訓練時，井字標籤的影響力很大，可將資訊餵給演算法，因而有利集中目標並放置廣告。在所有社群媒體上，井字標籤的存在，都不是為了在貼文標記隨機組合的文字，主要的用意是建立公開群組，方便討論主題或聚集興趣相似的人。

不過，我們卻在社群媒體上看到專業人士使用多種標籤，比方說：「剛才在#RandomConference演講，真#榮幸來此擔任#講者，討論#領袖特質與#銷售#副業#旅行」，像這樣的內容，很明顯是在建立品牌。大肆宣揚自己在經營品牌，恰好是經營品牌最不需要的，也讓你看起來像個社群媒體的新手。如果你會這麼做，別擔心，大部分人都會這樣。只要別再重蹈覆轍，往後都先想清楚再放#。井字標籤應該用來成立群組、追蹤活動，或單純搞笑。

很多時候，最有影響力的人，在社群媒體上往往沒有太多追蹤者——發現這件事之後，我的人際網絡策略從此改變。成就很高的人，通常推特追蹤者不多，但大部分都還是會使用推特。隨便在推特上搜尋「NASA主管」或「Facebook女性執行長」或「編輯」（我最愛搜這個）。這些人都很忙，就算想知道推特或其他社群媒體平台怎麼用，也沒時間慢慢學。這正是可以好好利用演算法的時候。

等你在推特上找到這些人，不必像別人一樣寄電子郵件過去，只要傳一則推特訊息，他們就會回覆。如果你的訊息匣很滿，怕漏接對方的回覆，可以多多查看新訊息，或者主動提供電子郵件地址，請對方寄信給你。

之前到杜拜參加世界政府高峰會時，我有幸聽到紐西蘭前總理克拉克（Helen Clark）演講，她也曾任聯合國開發計畫署署長。因為無法直接採訪她，我便以媒體身分參加活動前交流會，事後又看到她的一則推特寫道：「請追蹤我的Snapchat帳號。」我立刻到Snapchat追蹤她，並傳一則影音訊息過去，內容是我在參加活動的現場錄影，並對她說：「聽說你先離開會場了，但我很希望能見面談談。如果還有其他碰面的機會，請一定告訴我！」

不出幾分鐘，克拉克便回應我的訊息（別忘了，人家可是聯合國組織的領袖，還當過紐西蘭總理），說：「請寄電子郵件給這個人，之後我們就能聯絡了。」電子郵件的主人，正是她在聯合國的一名助理，這下我認識克拉克了！為什麼我辦得到？因為她已經在推特上對我（和大家）提供聯絡方式了。她還沒摸熟怎麼用Snapchat，所以比別人花更多時間回覆訊息，因此在這個平台上，我不必急著和別人一樣搶著爭取她的時間。其實，我猜她看到有人傳訊息，說不定還很興奮。我不僅讓她知道我想採訪，也確認她在Snapchat發布的訊息能確實傳遞到別人眼前。

重點是，要在自己最有優勢的地方接觸對方，找出他們最可能有空關注的平台——如此一來，不論他們是國家領導人、企業執行長或名人，你都有可能建立起關係。在機器參與的三方關係中，總有一人會自覺受忽略，或感覺在這段關係中擁有的連結最弱，這個人可能會基於補償心態，反而著力太深，這會讓關係的動向和平衡產生變化。

重視每個人，因為每個人都很重要

別輕易忽視小人物，畢竟數位世界連結緊密，或許別人哪天便功成名就翻了身。我自己過去多次被「專家」冷眼相待，他們如今卻會到處宣傳和我一起共事。我也記得，有些網友參加過我的推特聊天室，認真向我討教，現今已在業界獲得比我高出許多的成就。

我認為，你再忙碌都要盡力回答對方的問題。我最討厭看到有人在會議或講座上向「專家」提問，卻平白遭到羞辱，可是這不就是個鼓勵學習的場合嗎？要做領頭羊，就得扛下相應的責任。

不過，要真正學會平等待人並不容易，大多數人得先了解這麼做的意義何在。約略在十年前，我參加了一個叫「部落格世界」（Blog World）的活動，碰巧認識了一個人，雙方便在LinkedIn上互加好友，但我後來又忘了有這個人。過了一陣子，我在看LinkedIn時，才發現我的人際網絡已突然大幅拓展開來。我收到很多不認識的人來加好友，原因是他們都追蹤某個人，於是我搜尋了一下才從照片認出對方來，原來他當上了Buzzfeed的執行長。

多虧這位仁兄，我的人際網絡一夕間瘋狂延展。我們不過是幾年前在某場會議偶然認識，他一升遷，我竟也透過他的人際關係間接受益。所以，勇往直前，大方結交新朋友吧，失敗了也無所謂，說不定還可能有意想不到的好處呢。

有助於掌握線上交流訪法的網路法則

百分之一法則：網路上只有百分之一的人會創造內容，其他百分之九十九的人大多在潛水，只看不寫。比如維基百科，維基社群中九成的參與者只是單純瀏覽，只有百分之九會編輯文章，剩下的百分之一才會積極創造新內容。由此可見，如果你不參與，等於是在助長資訊控制與消化的壟斷機制。

維奧定律（Wiio's Laws）

通常，溝通會失敗——除非出了意外，才會成功。更確切的說法是：
如果溝通可能失敗，那便會失敗。
如果溝通無法失敗，仍可能會失敗。
如果溝通風格看似成功，符合預期，表示存在誤解。
如果你對自己的溝通風格感到滿意，溝通就會失敗。
如果訊息含有他人可自由詮釋的部分，將會以最負面的方式遭到詮釋。
處理大量溝通時，事物表面看起來如何，比事實更加重要。

不論過度溝通、明確溝通與請求確認溝通內容，都不可或缺。不論是與來接觸你的人進行交流，或者你去接觸他人做交流，都請確認溝通內容沒有另行詮釋的空間。你說的任何話，只要有人會讀，就可能錯誤解讀。（還記得第一四四頁提到的普爾定律嗎？）

史翠珊效應（Streisand Effect）

如果想隱藏、移除或審查網路上的某段資訊，反而會引起大家對這段資訊的興趣。本想遮掩，無意間卻可能成為公開論壇話題，或上了媒體報導。「史翠珊效應」之名來自知名藝人史翠珊（Barbra Streisand），因為有位攝影師將一批照片放到網路上，其中有部分拍攝到她的住處，她千方百計希望將照片撤下，沒想到新聞一曝光反而引來更多人瀏覽。如果你也想從網路和媒體上撤下某些東西，可別像史翠珊一樣大張旗鼓，因為你越想躲藏，反倒越容易引來注意，也會提高外人想要尋找與公開的動力。

手錶定律（Segal's Law）

有一只錶的人知道時間，有兩只錶的人老是不確定時間。要是你公開發表意見，請務必確定你對這個主題只有一種意見，如果同時提出多種看法，或者搖擺不定，那就避免公開談論，直到你心裡有了定論為止。

坎寧安定律（Cunningham's Law）

想在網路上找到正確答案，最好的辦法不是提問，而是張貼錯的答案。所謂「文勝於武，筆勝於劍」（The pen is mightier than the sword），透過文字能做到許多事，所以請運用智慧，字斟句酌。又，「戲言寓真理」，根據普爾法則，許多話本是玩笑，卻總有人當真。

史基特定律（Skitt's Law）

任何想糾正別篇文章的發文，本身至少都會有一個錯誤。發生錯誤的機率，與錯誤造成的尷尬程度比例相等。別太認真看待自己的意見，人也都會犯錯，越關注別人的錯誤，自己犯的錯便越多。

驚嘆號定律（The Law of Exclamation）

電子郵件或貼文中的驚嘆號越多，所傳遞的訊息越可能有誤。使用過多大寫字母也是相同的道理。如果以被動攻擊（passive-aggressive）的語氣撰文，讀者也可能跟著厭惡你。

翁侯孚法則（Umhoefer's Rule）

談論寫作的文章，本身往往也寫得不怎麼樣。

典型案例：尋找 LinkedIn 上的導師

我最初擔任管理職時，曾自我懷疑是否真如自己所想的那樣富有同理心？擔任經理或老闆所需的技能，正是我所欠缺。我固然擅長分派任務、完成分內工作，以及組織團隊，但要處理工作的人事層面，可就不是我的強項。

每當有員工來找我處理個人問題，我常不知該如何應答和協助。若交辦事項沒有完成，或專案發展方向不如預期，我便容易失去耐性。要我有效率地帶領會議進行，也同樣不拿手，因為資訊總會在傳遞過程中流失。就算接到報告，通常也是應和我的看法，即便我犯錯了也沒人出聲改正。這些問題都需要解決，我也知道，改變得由自己開始。

我決定找個導師。挑選標準是對方必須與我身在同一地區、有時間指導我，還要是個溝通、領導與建立團隊的專家。我希望導師是我工作情境以外的人，不認識我本人，又能客觀看待我所面臨的挫折。

於是，我到LinkedIn上搜尋，尋找符合標準的對象，其他條件都不難，但要找個有空理會我的人，可就不大容易。我希望對方也是積極追求職涯發展的人，曾面對相似的處境，但符合條件的很多人都有自己的工作要忙。當時，我是《哈佛商業評論》的訂戶，便加入雜誌的社團找尋理想導師。結果，我找到了馬克．葛斯登醫師（Dr. Mark Goulston）。

葛斯登醫師真是個理想的領袖培訓導師。他極富耐心、事業有成、關照他人，又對工作充滿熱忱。他寫了好幾本書，其中一本是《先傾聽就能說服任何人》，頗受好評，有些朋友對這段指導關係毫不知情，卻也不約而同地推薦我閱讀。馬克是中華基石（China Foundation）的首席導師，也與洛杉磯警察局合作，還為《哈佛商業評論》寫稿、在加州大學洛杉磯分校與南加州大學授課，更是名神經學家與心理學家。如今，他還身兼ＩＢＭ、高盛集團（Goldman Sachs）與美林銀行等多個組織的顧問、講師、培訓師與教練。

如果你也同意他是個理想的導師人選，又想必是個大忙人，那麼你猜得沒錯。不過，真正打動我的，是他在LinkedIn《哈佛商業評論》社團裡的作風。馬克可說是最主動參與的一個，不僅時常發文，也積極回應，而且往往投入相當可觀的時間與心力。

當我看見這一切，便推測馬克要不是極為關心工作，就是有很多閒工夫——或者兩者皆是。他看起來正是我在找的人，於是我在LinkedIn傳送邀請，卻不小心忘了先傳個訊息打招呼。當時想到要和他接觸，便緊張不已，因為他真的在自己的領域頗負盛名，要和這樣一個背景、資歷與經驗都如此豐富的人打交道，心裡還真怕被一口回絕，但我仍提起勇氣，趕緊補傳了訊息給他。

結果出乎意料，馬克不僅接受邀請，還回覆了訊息，內容如下：

10/16/2014

> 你的背景看起來很有趣，很亮眼。請問你目前主要發展哪個領域？希望將來達到什麼目標？想成為哪一類人？
>
> 祝 一切順利
>
> 馬克

我可以保證，當年的我可沒什麼特別有趣或亮眼的經歷，卻收到這樣的讚許。收到回覆後，我又花了將近兩小時不斷推敲，想好好回覆對方，結果卻寫出了下面的內容。

我在信中暗示我需要團隊管理方面的協助。這裡提到的業務是指經營我的社群媒體與意見領袖品牌，我沒有自己的事業體，但確實擁有一個團隊。看到自己當時在訊息裡用了一堆驚嘆號，真是一陣尷尬。不過，儘管我稍微濫用了驚嘆號，馬克還是回了信：

10/16/2014

你好！

我相信，你一定是這個社團最引人注目的成員了！

目前，我將重心放在建立團隊與拓展業務上，我相信團隊合作力量大。

等發展更成熟後，我打算持續學習，我絕對不希望自己的心智退化。

老實說，能和你認識真的相當榮幸。請問你目前投入在哪些領域（除了寫出暢銷書之外）？有什麼我能幫上忙的地方嗎？

感謝撥冗回覆！

辛西亞

3:29 PM

你好，多謝來信。我現在做的事可多啦：寫下一本書，在美國管理學會開設有關《先傾聽就能說服任何人》的相關課程（在「傾聽」這個主題，目前這書算是全球最受歡迎的一本了），還和一家中國公司合作，協助《財富》500大企業外派到中國的美國管理人，因為他們得學習與非大都市的員工相處之道。

有個簡報，許多執行長看了之後都很喜歡，你或許也會有興趣：賈伯斯絕學——如何創造狂熱顧客。我已摸索出一套方法，可以教大家用賈伯斯的眼光看事情了，這套方法也得到頗高的評價。多說點吧，聊聊你怎麼建立團隊和事業的。

他不僅幾分鐘內就回覆，還要求我提供更多資訊。這時我做了什麼？我當時真是好傻好天真，努力想讓自己的回覆看起來與他的地位、水準相當，因此花了很長的時間，才又寫出回信內容，遲至凌晨十一點五十九分才回覆。

我很樂意多了解一下你在中國的公司。我曾學過幾年中文，到過中國很多地方，也有不少朋友都有前往中國工作的經驗。我發現對於首次進入中國企業的外籍主管來說，如何和中國員工溝通有著很大的障礙。中國企業（當地公司，非指美商設在中國的據點）通常願意多付點錢聘用美籍主管，在外籍主管的眼中，一開始一切都好極了，但過了一陣子便感到掙扎，因為他們希望公司託付重任，卻總不能如願。

我的事業是數位行銷與領導。我在加州聖摩尼加的RankLab數位行銷公司擔任社群媒體總監。我是社群媒體俱樂部（Social Media Club）的新科編輯董事與全球委員會成員，有時也會在行銷研討會擔任講者。

目前，我正準備建立兩組團隊，過程並不容易。一組是行銷公司的團隊，另一組則是社群媒體俱樂部的國際編輯團隊，後一組的成員遍布全球各地，採用遠端方式合作。

身處領導位置，真是世上感覺最怪的事了，真是道大難題。我一定會去看你推薦的簡報，學習賈伯斯的方法，一定很值得投資這個時間。

在回應馬克的訊息中，我提到自己對前往中國工作的認識，雖了解不多，但仍想藉此聽起來酷一點。我自陳「有時也會在行銷研討會擔任講者」，其實只演講過一次（還是在寄這封信前一星期）。我最後把話題拉到他提出的賈伯斯方法，說我一定拜讀。

老實說，這次通信應該淪為失敗，給我個教訓，但實際上卻成了一次機會和學習經驗。原來，馬克也是個夜貓子，在凌晨一點十九分給我回了信。

什麼？他說想和我碰面，我根本沒開口啊？我回信時簡直嚇呆了，當然也不小心用了更多驚嘆號。

隔週，我和馬克在聖摩尼加見面喝了咖啡。他送我一本他的書，並問了許多問題，想知道我現在主攻什麼、我的目標等等。聽過我的回答，他說：「我想，我應該擔任你的導師。」我想裝酷，但會面之後根本樂壞了。我後來介紹馬克認識一些做數位行銷的朋友，因為他們可以幫忙宣傳新書，而他也把我介紹給——這麼說吧，所有人。

10/17/2014

嗨，辛西亞：

我也在聖摩尼加呢，也許我們該見面聊聊。

祝 一切安好

馬克

1:19 AM

我每兩個月和馬克見面一次，他會指導我，討論有關最近工作和生活上的問題。他參加了所有我主辦的活動，是最支持我的人，但也盯得緊，不讓我有機會偷懶。在我想申請MBA時，馬克也幫我寫推薦信。他認為我在EQ方面還有待改進，但他沒有發現任何人格問題（如果有的話，他會知道的，別忘了他是專家）。

幾年後，馬克仍是我心目中最理想的導師。如果想知道我們合作互助的情況（儘管一年只見幾次面），可以看看我們在LinkedIn有多少共通人脈。初識馬克時，雙方並沒有任何共通人脈，現在則有一百五十八人，而且還在增加中。我們在LinkedIn上只同時參加了一個社團：哈佛商業評論。

請釐清自己想做什麼，又需要什麼幫助。思考解決辦法時，多點想像力，別害怕失敗。假如馬克當初沒回我的信，我們大概就沒有其他接觸機會，故事到此為止。可是，我最終得到了一個良師益友，不論事業與生活，他始終不吝給予支持。

10

你的好，要讓別人知道

我在一場會議中演講時，做了一項案例研究，探討如何讓Pinterest布告欄成為Google前幾名的搜尋結果。後來大會又指定我負責Pinterest和SEO主題，並請我準備十五分鐘的簡報。過去研討會的重點都在SEO上，近年才納入社群媒體議題，但多數的傳統與會者對身為社群媒體人的我不屑一顧。

儘管我焦躁不安，還是很清楚，我得好好在這場研討會演講，因為我貢獻的內容和其他參加者分享的一樣重要。我從不怯場，演了一輩子戲，也比過辯論賽，還曾經單獨表演歌唱（不過我確實歌藝欠佳），可是這場研討會不一樣。我忍不住想像自己站在一大群人面前，全都是同行，他們可能會不同意我提出的理論，或認為社群媒體領域比不上SEO來得有意義，這真令人坐立難安。

上台演講前一晚，我和一位同為與會講者的人見了面。他針對我的主題問了些問題，又問我待在這領域多久了。我回答了問題，又說我很期待研討會，但緊張得要命。「有什麼好緊張的？」他說，「只要站在台上，打扮得漂漂亮亮就好啦──我們男人才要準備真正有料的內容啦。」也許他只是想表示友好，幫我緩和緊張，但可真是適得其反。

當下，我的心情便從緊張不安轉為勇往直前，一股使命感油然而生。我參加研討會的目的就是貢獻所學，絕不允許有人擅自推論我別有用心。當天會議結束後，我離開會場，上了社群媒體，搜尋在SlideShare工作的人。原本研討會就希望講者在負責時段和簡報之後，能將投影片上傳到SlideShare，並標記研討會名稱。而我的計畫是說服SlideShare，將我的投影片納入焦點內容，放在網站上顯眼的位置。若此策略能成功，也許會增加點閱率與下載量，證明我的內容夠好，有資格推薦給一大群人，而我的表現將由他們評斷。

傳訊息給幾位SlideShare的內部人員之後，我便上床睡覺，因為隔天得在早上九點鐘開始簡報。翌日，我睡晚了，匆忙中沒跟計程車司機講清楚會議場地，折騰了好一會，才終於到達正確的場地。我匆忙上台，找到大會安排的位置就座。我是該時段的最後一位講者，但開講時腦中一直想著「差點沒趕上」，遲遲未能拉回注意力，演講就在我也搞不清楚的狀態下結束。會後，我便上傳投影片，然後立刻衝去買咖啡喝。

在後續活動中，我收到同事頗有建設性的意見，也繼續結交新朋友。下午稍晚，我登入電子郵件信箱，發現一則社群媒體訊息，是一名SlideShare的實習生寄來的。對方說，他們會審查我的檔案，再考慮是否把投影片放入推薦內容。隔天，我便收到SlideShare的訊息：「你的投影片已經放在相關領域的趨勢推薦了。」

這表示SlideShare把我的投影片放上網站主頁。為了說明這有什麼意義，請先參考一下SlideShare的相關統計資料：

- SlideShare有七千萬使用者。
- 該網站每月平均上傳四十萬份投影片（即每週十萬份）。
- 截至二〇一三年十二月止，該網站的每個頁面每月平均達一億八千九百萬次點閱率。

也就是說，我中了SlideShare頭獎，多虧那位實習生，我的夢想成真了。會議結束後，我回到洛杉磯，又收到另一封信，告訴我另一個天大的好消息：有家知名媒體報導了這場研討會，並列舉其中最受歡迎的投影片，我的簡報赫然在列。文章中描述我的投影片「爆紅」，成為那場會議下載量最高的投影片。

此後開始到處有人來邀我演講。目前，我每年平均收到七十五場演講邀請，一年則參加二十至二十五場研討會和活動。三年之內，我便在全球各地超過七十場研討會發表了演講。都是那份放上SlideShare的投影片，讓我一夕之間大受矚目，躍升為成功講者，真是功不可沒。

翌年，我又參加了那場開始我講者生涯的研討會。這次我同樣緊張，忍不住自我懷疑，但走進會議廳時，有位女士攔住我說了幾句話，讓我大為安心，也開始相信自己的成就是名正言順得來的。

「我去年來參加的時候，有看到你的簡報，可真是從此改變我的人生。」她說：「我從來沒想過那樣做行銷，但你說得很清楚，我一下就學會了。」聽到這話，真讓人高興得說不出話來。

我不像多數人乖乖照著既定規則走，而是多邁出一步，極力確保我創造的內容能產生影響，改變世界。說起來，SlideShare之所以把我的投影片推上焦點，是因為他們認為內容很實用，也才會有那麼多人下載來看。

這個故事的重點不在克服自我懷疑，而是為自己的心血爭取曝光，讓更多人都能看見。很多人都會避免把作品推到大量閱聽眾面前，總認為「作品會自己發光」。這種法子已經不管用了，我們不能假定因為作品夠好，就會脫穎而出，也不能假定外行人都慧眼獨具。

讓我們再快轉到一年後，這次我收到紐約一家文學經紀公司的電子郵件。當天，我便致電洽詢寫信的經紀人，還不曉得會發生什麼事。我猜，對方應該是想找我幫忙，為客戶或她本人行銷，於是我準備好要回答這類的問題。

結果經紀人問我有沒有考慮寫書。她說，她在SlideShare看到我的投影片，也注意到點閱率很高。她認為，如果我願意寫書分享數位行銷的獨家技巧，我的讀者應該會很有興趣。既然SlideShare上的點閱率這麼高，出版商一定很願意和我合作。所以，我便動筆一路寫到這一段，也讓你讀到了我的故事。

個人品牌，反向操作

要反向思考個人品牌與自我宣傳，就表示要換個角度想事情，跳脫秩序，違反常規。

假如想在社群媒體上得到關注，很多人是發表一大堆東西：照片、影片、評論、部落格等等。等別人注意到這些東西以後，這一切當然是有意義的，但是在別人發現之前呢？

為了了解個人品牌、工作與生活，以及自我宣傳，首先得來看看一般方法有什麼問題。在我和別人討論如何拓展自身品牌影響力時，總會聽到一些想法，在此我加上了反面看法，如下所列：

預設思考：努力不懈，終會有人注意。

反面思考：如果別人沒注意到你的努力，表示你還不夠努力。

預設思考：老是發問，別人會認為你是蠢蛋。

反面思考：吝於發問，才是愚昧的表現。

預設思考：如果希望有人注意到你，就得下工夫鑽研他們的領域。

反面思考：如果希望有人注意到你，就得下工夫成為他們的典範。

預設思考：你得了獎，想必頒獎的公司會替你廣為宣傳。

反面思考：之所以得獎，是因為頒獎的公司希望你宣傳這個獎和公司本身。

預設思考：應該多多創造並分享別人關心的內容。

反面思考：應該先問別人關心什麼，再利用他們的答案，創造出他們願意分享的內容。

預設思考：如果在文章裡寫下我的意見，結果出錯了，大家都會覺得我很蠢。

反面思考：如果大家都認為你的意見有錯，是他們搞錯了——意見就是意見，與事實有別。

想一件你每天會出現的負面思考，然後反過來想這件事。如果，聽起來變得更糟，你可能需要調整一下思考模式了。建議你開始自問一些困難的問題，好讓自己換個角度，從反方向來達成宣傳自己的目標。

反向追近：現在，看見我了嗎？

如果你希望別人看見你所做的一切，以及所有了不起的成就，你得自己說出口。如果不想自己開口，還有別的方法。請參考以下的策略宣傳自己，企業也能應用部分的策略，來宣傳行銷成績與公司文化。

首先，假如你會在LinkedIn上活動，你知道可以下載聯絡人清單嗎？不僅簡單迅速，還能下載成漂亮的Excel格式？方法如下：

1. 登入LinkedIn。
2. 按一下LinkedIn首頁上方的「人脈網絡」（Network）圖示。
3. 按一下左列的「你的人脈」（Your Connection）。
4. 按一下頁面右上角「管理已同步匯入的聯絡人」（Manage synced and imported contacts）。
5. 在「進階設定」（Advanced Actions）下方，按一下「匯出聯絡人」（Export Contacts）。這時，網站可能會提示你登入帳號。
6. 按一下「要求封存」（Request Archive）。
7. 之後，帳號使用的主要電子郵件信箱會收到一封信，內附一個連結，按一下連結就能下載人脈清單。

下載之後，可以在排版乾淨的檔案中看到聯絡人清單，你可以再依據職稱、公司、姓名、地點或人脈來整理（以上步驟也可在LinkedIn說明頁面獲得）。

追加一擊

請閱讀社群媒體網站的部落格、服務條款更新內容，以及說明頁面，了解有關網站的正確資訊，並藉機思考要如何反過來利用手中的資訊。我已經列了一份各大社群媒體的資訊頁面清單，請參見：cynthialive.com/platform。

可千萬別用聯絡人清單寄群組信，因為其他聯絡人可能會對自己的資料外流感到介意，請多為別人著想。除了攸關網路禮儀之外，重點在於這麼做的轉換率也不高。如果想創造轉換，必須有優質內容，才能令發送內容的對象產生興趣，並引導對方的意圖。沒人會想收到統發的垃圾郵件，這絕不是聯絡人清單最理想的用途。

雖然在技術上，真正能利用這些電子郵件地址的方法，多數社群媒體都不允許，但別忘了，在前面提到的三方關係中，我們也得考慮如何讓每個人都得到好處：社群媒體平台想賺錢，你想經營品牌，而你的聯絡人則不想收到垃圾信。解決辦法確實存在，不過從技術上來說是打破了點規矩。

沒看到，就不會想到

之所以要整理聯絡人名單，不是為了確認你認識什麼人，而是去評估誰認識你。和你知道的人建立關係後，對方會反過來開始了解你是誰、做了什麼事，以及你的需求或期望，這可會讓一切大為改觀。

你是否問過一小群人，問他們知不知道某種服務或某家公司，然後聽到以下評論？比方說：「有人知道西洛杉磯有什麼好的居家清潔公司嗎？」你可能會馬上得到好幾個答案，回答的人通常會加上一句「他們超讚」或「我一直都是找他們處理」。諸如此類的推薦，來自回答者腦中首先浮現的印象，代表一件特別的事、特別的訊息，或者特別的運動，任何事物都有可能。

初入社群媒體這行時，我遲遲無法博得同事認同，根本沒人願意聽我的意見。我很清楚，公司可能哪天就不做了，所以我想發展副業（或許哪天就有能力開設自己的事務所）。可是，如果連同事都不聽我講話，我還怎麼建立事務所品牌、培養外界信任並爭取客戶？有些和我共事的人，連我的名字都記不住，常叫我「搞社群媒體的女生」。每次有社群媒體方面的問題，他們就說：「那個搞社群媒體的女生去哪啦？」我知道，最好得做些什麼，才能讓別人看見我這個人，而不只是「那個好像是實習生的女同事」。

我決定，我要欣然接受「社群媒體女生」這個身分，如此，我就能先在辦公室測試自己的理論，等到我開設自己的事務所，就有工作範本可參考。

我先上網買了副尺寸最大的無度數眼鏡。因為當時非常流行大鏡框眼鏡，東洛杉磯的文青人人臉上都戴了一副。向來，文青的自信（包含盲目的自信）都讓我退避三舍，但是如果這對他們管用，或許對我也管用。

我接著又買了懶人鞋和幾件釦領襯衫，每天穿這樣去上班，我是個搞社群媒體的女生，這就是我的新造型。我也開始採取新的溝通策略，實事求是、態度冷淡，並且做的比交代下來的更多更好。我只關注其他員工正面的事物，和老闆講話的時候面無表情。我就是用這方法讓主管願意聽我說話，我的理由是，既然原本的作風完全沒用，那就反其道而行。

聽到這故事的人總會問我，那時我會不會覺得不像自己？一方面，身為新進員工，本來就沒什麼「做自己」的餘地。有好多次，開會時我都想直接臭罵別人一頓，或直接走人。實情是，我只會微笑點頭表示同意，或者在眾人面前斟酌用詞，小心提出意見。這也不是我最真實的模樣，大家卻都覺得這個「真的」我很好。

另一方面，我的新裝扮和眼鏡都是自己選擇穿戴的。不是為了假裝成別人，而是為了改變我工作時的形象。我從來沒想過要穿休閒褲、直筒裙和釦領襯衫上班，而且我才剛環遊世界回來，拘謹的辦公室文化還真不對我胃口。我其實連鞋子都懶得穿，但還是得遵守一定的儀容規範。

我發現，如果有人為了追求某種目標，穿上違背自身原則的服裝，別人可能會認為他們很虛偽，但如果因為老闆要求，穿上了平時不穿的某些衣服或制服，別人反倒覺得這是做好工作——這可真有意思。反正，我做出選擇，決定改變溝通方式之後，確實更接近自己想成為的模樣，也比較符合理想中的互動方式。所以，我不覺得自己很假或者在騙人，我只覺得這策略很成功。

頂著新造型和大眼鏡上班的第一天，我如常參加每週會議，誰也沒對我的眼鏡或造型品頭論足，反而還有人請我幫忙，和技術團隊一起去替一個即時串流活動錄影。我斷斷續續在這家公司工作了兩年，過去從來沒人找我一起幫忙辦活動（這才是這工作好玩的地方啊），現在大家不但找我參加，還會傳訊息給我。不久，公司指派我負責一個剛發行的新遊戲，我也開始協助處理網站首頁的內容，我成了受歡迎的人，別人都想聽我說話，也想問我問題，而我表現得越不在乎，看起來越有自信，也越有機會參與每件事。

「改頭換面」成為社群媒體女子四個月後，公司宣布歇業，這時我已開始經營個人的社群媒體。我用手機自拍，當作大頭貼照，又開了部落格。公司倒閉前，我早已開始經營副業，創了「社群媒體女子」這個品牌。

我想盡可能看起來像個卡通人物，這樣大家才會看到品牌訊息、品牌目標和品牌本身，而不是先看到一個二十幾歲、實習生模樣的人。這時，我將近二十六歲，真的需要賺點錢了。

之後，我找到另一份工作，在一家叫RankLab的公司上班，過了差不多六個月，才有人問我眼鏡是不是沒度數。那時，我們便放聲大笑了一陣。

這個小故事的重點在於，你得先改變自己的心態，才能改變別人的想法。如果，這表示你得戴上無度數眼鏡幾個月，以便表現得與眾不同，那有何不可？把這想成一場戲，假若你扮演的是執行長，別人當然會期待你穿得像執行長。如果你有認識的人當上了執行長，正好可以觀察他們是否也決定換個造型，好讓外表更合乎自己的新身分。

如此，我打扮得像搞社群媒體的女生、自稱社群媒體女子，在網路上也專發一些有關社群媒體的文章，漸漸確立自己的定位，引來許多想找社群媒體資訊的人。我成了社群媒體包打聽，應有盡有的消息來源，還讓社群媒體刊物寫於文章中、成為學術研究案例，得到一大把工作機會。從此，大家想到社群媒體，第一個就想到我。

後來，我想從社群媒體女子這個品牌轉型，成為數位行銷策略專家，這時我需要的就是成長策略。我決定扔掉眼鏡、剪短劉海，回到天生的髮色。我當時已經在做社群媒體以外的工作，但還是需要設法改變網路上的形象。而在工作上，大家也還是把我當成「搞社群媒體的女生」，於是，只要有人找我談相關問題，我便不再回應。

我請一位朋友拍下我忙碌的模樣，更新了個人檔案資料與照片，改稱「專攻數位行銷」，一夕之間便改變了品牌定位。由於我要的不是微調，所以在一切尚未到位之前，按兵不動了好一陣子。之後我也改變貼文方向，不再著墨於社群媒體，改為討論商業與行銷。每次以行銷或商業為題發布新文章或受訪，我都會調出

LinkedIn聯絡人清單，和其他地方收集來的聯絡人電子郵件一起上傳到Facebook，建立一群接收訊息的觀眾。我簡直不費吹灰之力，便讓所有認識我的人都看見我的改變。

如果，你發了一篇由第三方寫成、與你想做的事或品牌有關的文章，會發生什麼事？大家會開始更認真看待你這個人，以及你所做的努力。不管這些內容看起來有多微不足道，我都會利用Facebook提供的廣告工具，還有LinkedIn的聯絡人電子郵件發布出去，確保我認識的人會看見。後來，其他社群媒體如LinkedIn、Google（包含YouTube與Gmail）、推特和Instagram，都逐漸開放廣告功能，我便好好利用手上的電子郵件地址，將內容送到目標受眾面前。

要讓這方法發揮效果，首先得有一份約一千人的電子郵件名單（上面的電子郵件帳號要確定是他們用來註冊社群媒體網站的），接下來上傳這份清單，建立廣告。廣告的對象越明確，成本越低，而這也是在網路上追蹤別人的一種方法。

我們通常只沉浸在自己的生活圈，一看到別人的LinkedIn部落格文章、Facebook貼文與YouTube影片，便以為到處都看見對方的消息，其實這不過是因為第一次或第二次看到這些內容時，未曾留意而產生的錯覺。這時我們很容易做出一個結論，認定這個人既然得到這麼多關注，一定在其專業領域闖出了名堂。實際上，此人發布的內容可能只是在一小群人間再三流傳，不過大家都沒發覺罷了，就這麼以為大部分人都看到一樣的東西。正因為這種錯覺，才將這個人推上權威地位，成了這個生活圈中想到某特定領域，第一個就會想到的人。

利用這套策略，就能在整個網路上將你的內容呈現給別人，可謂相當實用。舉個例子，老闆可以寫些有關員工的故事，再用這些內容放廣告給目標受眾，為公司打廣告。這麼做既簡單又花費不多，不僅能奠定大家心目中的專業地位，還能自行創造機會，不必再苦苦追趕。

成為大家心目中的首選，到底有多重要？

求職也好，經營公司或建立品牌也好，成為別人心目中的首選，究竟有多重要？我認為要說是「最重要」也不為過。二〇一七年，坤姆布斯（Robert Coombs）在Fast Company網站發表了一篇文章，討論如何建立機器人來同時應徵數千份工作，以及因此所得的觀察。[20] 坤姆布斯曾任職於公立非營利組織，熱愛他的團隊，但也開始注意到，他們不再像以前一樣需要他。坤姆布斯倒沒急著找新工作，但也心生跳槽的念頭。

一開始，他以人工方式（慢慢）投履歷，應徵的是一些大型科技公司開出的職缺，比如Slack、Facebook和Google。不久，他不僅發覺他要面對的都是科技業專家，自己的履歷可能很難受到青睞，還發現原來履歷會先給機器人看（而且是一字一句地看）。

這裡的機器人，指的是一種叫「申請者追蹤系統」（applicant tracking system，ATS）的工具，可根據關鍵詞、前雇主、年資與學歷，自動過濾求職者與職位候選人。坤姆布斯發現得先和機器人打交道之後，便決定做出自己的機器人，和ATS一較高下，結果真是天才的一著。

並非專業工程師出身的坤姆布斯，用自創工具與試算表做出了機器人，彙整了開出職缺的經理人聯絡資訊，再上傳自訂格式的電子郵件，附上履歷與量身打造的求職信，應付不同單位。「不久，我就開始幻想，我可以把職缺搜尋變成超級精準的職缺資料庫。」他寫道。

之後，他開始追蹤求職信、履歷與LinkedIn個人檔案的點閱率，也記下從申請職缺的公司收到的所有電子郵件回信。起初，坤姆布斯只約用半小時便申請了一千三百份工作，全數位在中西部。考慮到自己住在紐約，他知道這不可行，因此重新審視了一下程式，發現這個自動化求職流程還有個最佳切入點，便決定從那裡下手。最後，魔法公式在三個月內挑出了五百三十八份位在紐約的工作。

坤姆布斯也發現驚人的實驗結果。他採多次比較他以自動化寄出的電子郵件與求職信。他的機器人可自行優化、變更並學習，因此求職信與電子郵件會越寫越好，然而結果發現，改良與否，根本無所謂，因為不只人類不會好好讀信，連機器人也不會認真看待內容。

從文章來看，坤姆布斯確實頗為挫折——正如許多求職者的心情。各公司的機器人都想看看他是否曾在科技公司任職，如果找不到相關資訊，便讓坤姆布斯難以介入系統運作。

再來看看，還有哪些其他因素阻止坤姆布斯達成目標？二〇一四年，紐約聯邦準備銀行（Federal Reserve Bank）的經濟學家布朗（Meta Brown）與托帕（Giorgio Topa），還有麻省理工學院經濟學博士生賽特倫（Elizabeth Setren），共同進行了一項研究，題為〈非正式推薦更好？以某企業員工推薦系統為例〉[21]。研究發現，美國有百分之三十到百分之五十的職缺都是經由引薦找到聘雇對象。比起沒人推薦的求職者，有人引薦的求職者獲聘雇的機率高出四倍。再根據另一份坤姆布斯引用的研究，在美國，重要職位有百分之八十五都透過引薦尋得人選。這表示，只有百分之十五的重要職缺會開放給無人引薦者申請。

坤姆布斯也想知道在LinkedIn申請職缺是否果真能找到工作，於是訪問了賽格林，夏隆內（Chaloner）機構的總裁，該機構專司執行長級溝通招募。賽格林表示：「透過LinkedIn開出的職缺，很少會立即決定人選。通常，都是某個位高權重的人，遇見某人，覺得對方很有趣，才會說：『讓我們弄個工作給你。』」

在NPR的一個Podcast單元中，有次主持人訪問了「職涯展望」（Career Horizons）總裁陽奎斯特（Matt Younquist）。「一般來說，至少百分之七十，甚至百分之八十的職缺都沒對外公開。」陽奎斯特表示，「但是，大部分人都會花百分之七十或百分之八十的時間上網找工作，而不是走出家門，當面和雇主談。他們沒有主動尋找機會，也不了解大多數的工作機會都來自朋友和認識的人，其實大家都更樂意雇用信任的人。」

由此可知，線上求職者只能看到實際職缺的百分之二十到百分之三十，得和其他無人引薦的求職者競爭一小部分的工作機會。

這段Podcast也訪問了時任「塔列歐」（Taleo，美國軟體公司，主要產品為人力資源管理軟體，由甲骨文公司收購）產品行銷部門副總經理的史得厄（Ashley Stirrup）。史得厄說，在比較大型且知名的公司，每年的平均求職人數相當於公司員工人數的六倍。稍微計算一下，就知道競爭有多激烈，機會有多稀少，要想成為面試官的首選，可比大部分人想的還難上許多。

所以，我們不該問：「你要怎麼在求職流程裡脫穎而出？」要問的是：「在投履歷之前，要如何在人事主管與對方的人脈中脫穎而出？」

現在你已經知道職缺不一定會對外公布，推薦更是舉足輕重，那麼就得改變策略。究竟怎麼做，才能雀屏中選，爭取到特定職缺？要如何成為得到職缺的員工、上台演講的講者，或者爭取到大客戶？

根據《廣告周刊》的文章，以及Jobvite公司透過社群媒體進行的研究，有百分之九十二的徵才方都會利用社群媒體尋找素質較高的人選。[22]怎麼可能？不是說很多職缺都由引薦填補嗎？慢著，看看這個關鍵詞：「利用社群媒體『尋找』素質較高的人選」——尋找，不是幫忙「求職」。徵才方比較少透過社群媒體張貼徵才廣告，不會藉此撒個大網，來撈出合格的新員工，而是直接透過社群媒體尋求合適人選。所謂合適的人，往往已經是有工作的人，所以要徵才的公司就會去挖角搶人。

那麼，既然可以直接去找理想的人才，開更高的條件吸引他們，不就大功告成了嗎？幹嘛還要貼徵才廣告？事實是，沒有人需要公開徵才，也沒有人真的需要這樣做。坤姆布斯的研究很有趣，但我想，他的看法還是有些保守。或許他應該對自己的LinkedIn頁面進行關鍵詞優化：先找出徵才者透過哪些關鍵詞尋求理想人選，利用這些關鍵詞優化後，再和徵才者的朋友或者有興趣的公司建立關係。

想應徵上理想工作，你不需要直接找上人事主管，只要認識對方公司的員工、通個電話，爭取對方推薦即可。比起投履歷，透過對方公司的員工往往更有效率，也更容易達成目的。前面引用的《廣告周刊》文章便提到：「員工推薦對徵才流程的影響也很大，約有百分之七十八的徵才方會用此方法找出理想人選。」

志在成為首選並沒有錯，有時甚至是必要的，就算要智取社群媒體公司的廣告部門，也不妨一搏。花點時間參與社群活動、在LinkedIn寫幾篇部落格文章，並多多與人互動，有益無害。你的品牌需要爭取更多表現機會，獲得更多肯定，而其中成敗有百分之三十到百分之五十都端看你的人脈有多廣、他們對你的看法，以及他們對你的認識，印象良好，機會才能源源而來。

11

讓身邊親友
刮目相看

如果，你不太敢挺身追求自己相信的事物，也不願大聲說出口，認為這可能會對收入、職涯發展與生活造成負面影響，那可就太欠缺獨立思考了。你只不過是顧慮別人會怎麼看待你的想法。其實，不必勇敢，不必爭強好勝，只要專心致志，不畏難關，就能大方追求所愛。

這世上一定有人已經痛恨你的存在，你們也許認識，也許從沒碰過面，但他們可能因為你的性別、種族、國籍、貧窮、富有、投票行為等等，因為很多種理由而厭惡你。這很糟嗎？是的，當然很糟。會改變你的日常生活嗎？不會，因為你也許根本不認識對方，或者會設法避開他們。

別人會因為超出我們能決定的原因而憎恨我們，我們也無法避免別人的憎惡，或阻止他們抱持偏見，但我們可以避免受到影響。我們可以做的就是走過這一切，做自己想做的事。偏見無所不在——就連我們對自己都有偏見——無論我們自己是否察覺，都無法否定偏見的存在。

既然如此，為什麼要擔心自己太過做自己？比起你做什麼，別人更在乎你怎麼對待他們，怎麼給他們好處。這稱不上自私，只是人性。每次有團體合照放在網路上，將你標記在內時，有幾次你最先找的不是自己？大概很少，或者從來沒有，大部分人也是如此。我們往往很在意別人怎麼看我們，卻不去想，原來別人通常也只在意自己。

突破熟悉感的界線

隨著個人品牌發展，你會察覺到身邊的人開始抗拒。他們不是不希望你成功，只是他們不願意彼此之間的關係改變。一般來說，人都不喜歡改變，因此在你越來越有名氣，也被視為意見領袖之後，身邊的人或許會害怕你發展得太好。不過，這種懼怕只會維持一小段時間，大家終究會接受改變。

在你逐漸成長的同時，正因為對你太熟悉，最親近的人反而無法理解或者不知道如何支持你。這種情況可能會阻礙你的發展。如果總是用親友看待你的方式來看待自己，反而不知道自己是否有能力成就大業。在家庭情境、工作情境、交往關係或甚至朋友之間，都可能如此。若你追求的目標超出之前的成就，最親的人很可能「當局者迷」，看不出來你擁有的機會或能力。反而是外人看得比較清楚，通常走出最親近的圈子，我們總是會顯得更有吸引力。這個說法，是根據熟悉感原則（law of familiarity）而來：待在某處的時間越長，你的存在就會變得越理所當然。

基於和世界各地企業執行長與領袖共事的經驗，我發現有幾種個人品牌的不同觀點，關鍵差異如下：

» 尋求長期業務合作關係或在組織內工作者，傾向於迴避個人品牌的概念，他們只會向同儕分享成就，往往極度謙遜低調，不願宣揚自己的成績。

- 若本身發展不受地理因素限制，會較活躍於個人品牌經營。這類人更勇於接受改變，不受身邊人際關係的限制，身邊的人也比較少發表不看好的評論。
- 在某領域長期發展的人，較傾向於低估自身能力，並避免他人關注。

討厭你的人也會來抵制

無論走到哪，一定都會有人討厭你。等你開始建立個人品牌並為自己發聲宣傳之後，會發現更多人厭惡你。這時，不必退縮或貶低自己的成就，而是要在討厭你的人面前，實現你想成功的意志。你得忽略他們，或者學會用善意消滅厭惡。

大家都會用惡劣的言語和行為對待別人，而我發現，這是因為人對自身的負面看法或不安全感所致。當然，有時候別人之所以討厭你，單純是因為不同意你的做法，這倒沒什麼問題，畢竟沒人有義務同意別人。就像我祖母常說的：「我可能不同意你，但我至死都會捍衛你表達意見的權利。」

花大把時間去跟不同意你的人爭執，等於白白喪失用來達成目標的寶貴時間。遇到意見不同的情況，我一貫的回應是：「真遺憾，你想的和我不同。祝你一天愉快囉。」或者，我會根據他們的個人資料，以認可一件正面的事實來回應。都說伸手不打笑臉人，一般人在得到別人稱讚之後，短時間內都不太會撕破臉。

說不定，你能頂住酸民的壓力？

我就辦到了。有些人想到要違背自己的本性便害怕，不敢將自己和自己的想法暴露在全世界面前，也擔心承擔失敗的風險，不由得緊張兮兮。如果你看過《吉米夜現場》（Jimmy Kimmel Live!）的「毒舌推特時間」，就會知道建立個人品牌和宣傳自己可真不是件容易的事，可能引來酸民上門，對你投以負評與歧視。

我收過的惡評和惡意郵件雖不多，總歸是發生過。有一次，還有個小白（譯註：troll，即「網路白目」，意指不識相的搗亂者）寄電子郵件到公司，只因為我寫了篇有關小咖名人被網路白目騷擾的文章。他們很快狂熱起來，寄信給我老闆，說他們雇了個無腦花瓶，應該炒我魷魚。老闆當然沒炒我魷魚，還為了人身安全著想，禁止我下班自己走去開車，堅持有人陪同，才肯放行。

哪天你陷入低潮，請想想莎拉．布里德勒夫的故事

莎拉．布里德勒夫（Sarah Breedlove）是美國公認第一個白手起家的女富翁，她於一九一九年過世時，身價達六十萬美元，相當於今日的八百萬美元。不論用男性或女性的標準來看，她都不是位普通的創業家。如果你聽過這名字，或許知道她就是鼎鼎大名的沃克夫人（Madame C.J. Walker）。

她是美國史上知名的創業家與慈善家，也熱中投入政治與社會運動，是當時世界上最成功的女創業家，也是歷來成就最高的非裔美國企業家。

布里德勒夫於出生於路易斯安納州，是家中六名子女的老么。一八六三年，林肯總統簽署了《解放宣言》，莎拉正是家中第一個一出生就享有自由的孩子。

在莎拉五歲時，母親便去世了，父親兩年後也跟著撒手人寰，因此她七歲便成了孤兒。十歲時，她沒上過學，跟著姊姊搬家，找了管家的工作。十四歲那年，她便和麥克．威廉斯結婚，據稱是為了逃離暴力相向的姊夫而早早成家。

莎拉在十八歲時，生下了一個女兒雷利亞。兩年後，莎拉的丈夫過世，她成了單親媽媽，不得不快點想個辦法，以便扶養女兒成人。於是，她帶著雷利亞搬到了密蘇里州的聖路易，因為她有三個哥哥都住這，方便互相照應。之後，莎拉在聖路易當起了洗衣女工，一天工資不到一美元。當時的莎拉目標簡單明確：努力工作，存錢供女兒上學。

隨著年歲增長，莎拉漸漸發覺自己頂上稀疏，還掉起了頭皮屑，當時許多非裔女性都有這個問題。有一部分是因為她們用的護髮產品品質粗劣，多含有鹼液等成分，而鹼液通常是洗衣肥皂所用，會傷害皮膚。造成頭皮問題與掉髮還有其他因素，包含當時室內管線鋪設不足，許多人不常沖澡清潔，以及營養不良等等。無論原因為何，莎拉自己都親身經歷過這些問題，也對此怏怏不樂。

後來，她決定到當時知名的女企業家——安妮．馬隆尼（Annie Turnbo Malone）的公司工作，在這家專賣護髮產品給非裔女性的公司擔任代理商。自從莎拉自己的頭皮出毛病，就對這類產品產生很大的興趣。她開始學習相關知識，並動手改良，她還發現自行研發的配方更好，便建立起自己的生產線。這段期間，她經歷第二段婚姻，後來又分手。不論事業或私生活，莎拉都很清楚如何保有主見，從不止步不前。

一九〇五年，莎拉仍為馬隆尼工作，但和女兒搬到了科羅拉多州，不久遇見了沃克（Charles Joseph Walker），兩人在隔年結婚，莎拉便改從夫姓，夫妻兩人一起創業。她開始自稱沃克夫人，好與她的事業目標相襯。「夫人」這個頭銜來自法國美容業的成功創業家與先鋒女性，她們對外使用的名稱通常帶有「夫人」一詞。自此，沃克夫人挨家挨戶兜售她的產品，對其他黑人女性傾囊相授，分享美髮與護髮的技巧。

同年，莎拉讓女兒負責管理出貨訂單，她和丈夫則走訪全美各地，挨家挨戶兜售產品。一九〇七年，他們在賓州匹茲堡開設一家美髮沙龍與學校，命名為「雷利亞美容文化學院」，旨在訓練未來的「美容文化專家」。夫妻倆後來又在紐約哈林區開了另一家美容學校。

四年後，莎拉在印第安納州成立了製造公司。一九一一年至一九一九年間，沃克夫人的公司雇用了數千名女性來販售產品。這些女性會身穿或白或黑的衣裙，帶著一只黑色袋子，挨家挨戶登門造訪，不僅推銷產品，也傳遞沃克夫人的品牌訊息。

沃克夫人雇用來擔任美容文化專家的女性，都會學到一套「沃克方法」，包含管理預算與自行創業的技巧。沃克夫人在各州與各地設立業務員俱樂部，後來組成了「美國美容文化專家與沃克夫人代理商慈善協會」。此協會常舉辦活動與全國規模的集會，並獎勵業績最高、引進最多新人，以及對地方慈善機構捐款最多的業務員。

莎拉不僅熱心公益，也頗具遠見。她曾在「全國黑人企業聯盟」年度大會發言表示：「我生長於南方的棉花田地帶，當上了洗衣工，又當上了廚房女傭。後來，我拉拔自己，進入美髮與護髮產品製造業，在自己買下的土地上，建了自己的工廠。」

翌年，在同樣的大會上，她便受邀發表演講。沃克夫人密集投入慈善事業且成效卓著，比如捐款幫助基督教青年會建新大樓，也提供基金給傅萊納之家（Flanner House）、貝什爾非裔美以美會（Bethel African Methodist Episcopal Church）與其他機構設立獎學金等。

莎拉不僅為黑人社群服務，也致力讓社會接納黑人社群。一九一八年，她遷到紐約市居住，並結識了當時的戰爭部黑人事務助理祕書（Negro affairs of the United States Department of War）史考特（Emmett Jay Scott）。莎拉對政治越趨熱中，在黑人機構贊助舉辦的各種會議與活動上，常以政治、社會與經濟為題發表演講。

在女性權利低落，黑人女性權利更不受保障的年代，莎拉一手創立了自己的企業帝國、鼓勵非裔社群自立、引領正向改變，並發展出極成功的個人品牌。莎拉一生都處在什麼樣的世界？儘管功成名就，影響力很大，她卻一輩子都沒有投票權。莎拉於一九一九年五月辭世，六月美國國會始通過相關法案（一九二〇年八月正式生效），美國女性從此才有權投票。

所以，下一次你自認吃了太多苦頭，或某件事怎麼也不可能辦到，請想想「沃克夫人」莎拉．布里德勒夫的故事。她堅守信念、追求目標，為所愛的社群盡心盡力，從無到有建立起一切。她是貨真價實的成功與堅忍的典範。莎拉．布里德勒夫是值得敬仰的人，她的姓名與事蹟，更應廣為流傳。

尾聲／為個人品牌制定成長策略

假設一下：你經營了個人品牌，已經初具規模，有品牌訊息、專屬網站、媒體管道與品牌說明，你曾在多場活動發言，社群媒體方面也剛起步。如果有人需要資產管理人、不動產經紀人、醫生、人生教練（life coach）、商業演出人員，或者任何專家，你都是他們第一個想到的人選——那麼，恭喜啦！

你已經累積一定成就了，接下來又該怎麼做？總不能一直做一樣的事，在原地打轉吧？總有一天，你會開始厭倦、世界會改變，觀眾也會失去興趣。

想想看，比方說童星長大了，他們的觀眾當然也會跟著長大，想法自也不同。我年輕時，有陣子非常迷超級男孩（NSYNC）的藍斯（Lance Bass），看了他們所有的影片，也買了全部的CD專輯。如今，我長大了，唯一一個還在演藝圈活躍的團員，只剩賈斯汀（Justin Timberlake）。賈斯汀透過投資Myspace涉足了科技業，既演戲也參與製作，有個人音樂事業，是個不斷求新求變的人。他改變自己的外表、品牌訊息，也改變傳遞訊息的方式。

說到藝人，麥莉（Miley Cyrus）也是一個很好的例子：她本來走鄉村風，一夕之間變成狂野做自己。以個人品牌來說，這不失為正確的一步棋。有人關心她的形象嗎？有。他們氣憤難平嗎？是的。那後來他們釋懷了嗎？當然。

如果你準備好發展品牌、進化並前進到下一階段，最好一次到位，這一點很關鍵。假如想慢慢推動改變，反而會讓大家困惑，會令品牌形象不一致。因此，最好先規劃改變方式，並迅速實踐。想清楚你目前在什麼位置上，又要往哪個方向前進，並開始寫下新的品牌宣言、為網站打造新外觀，更新個人檔案，強調你的新形象。等一切就緒……砰！一天之內，你便改變了一切。

別人一定會注意到——人都對變化很敏感——也會對你的新形象評論一番。無論如何，你都得相信自己，記得你不是為了取悅誰而活。之所以這麼急速轉變，就是為了避免造成困惑，所以不妨勇敢去做。

請走出你的舒適圈。有很多人都還不認識你呢。雖然你已在身邊建立一個小圈子，能在其中呼風喚雨，但待的時間越長，便越脫離外面的世界。別再留戀四年前辭掉的工作，也不要每年都參加同樣的研討會，在同樣的場合討論同樣的主題，是時候改變了。每個產業都不斷變動，你待的這行也不例外。如果老是談相同的主題，就算你是專家，也會顯得像本身沒有實務經驗，卻大談政治的名嘴——你本身和你的產業總有長進，因此你展現的內容也必須與時俱進。

可別放任經驗不如你的人占走你的位子，如果你資歷更深、懂得更多，也更有資格，當然不必跟人搶一張會議桌前的位子，但你總得開口去要。別那麼愛謙虛，謙虛到自己都為此沾沾自喜。這個世界需要更多真正的專家，好減少假專家信口雌黃的影響。

在你適應新的專業領域時，可能會令你的品牌大受衝擊，因為你很清楚，不是每個人都知道你是誰，還得多加耕耘他們對你的認識。每每結交新朋友，或者討論的話題變了，你也會感覺自己彷彿重新來過。這時，你大概會想鑽回原本的舒適圈，但請千萬別這麼做。

如果你已建立起一個品牌，轉換品牌形象與觸及的受眾範圍，並不是真的重起爐灶，不妨看成是在拓展人際網絡。在你察覺自己的成長以前，可能很常聽到別人問：「你現在專攻什麼？」正是看見別人開創出好幾條生涯道路，個個堪稱典範，大家才會有此疑問——這表示，你的品牌正走在成功發展的道路上。

致謝

打造平台與寫作一本書，都需要身邊的人許多耐心、支持與愛護。在此，我想感謝曾鼓勵我，並相信我的人：我的外祖父母湯瑪斯與瑪格莉特．帕奇歐里（Thomas and Margaret Pacchioli），你們是我勇氣的典範；我的父母瑪格莉特與保羅．卡德納（Margaret and Paul Cadena），感謝你們的激勵，培養我們獨立思考的能力；我的兄弟姊妹莎拉、派屈克、琳賽、凱斯和JP（Sarah Johnson, Patrick Johnson, Lindsey Johnson, Kayse Cadena, and JP Cadena），謝謝你們總是支持我；也不忘感謝我的導師群，阿比拉許、馬克、葉爾和寶拉（Abhilash Patel, Mark Goulston, Yael Swerdlow, and Paula Woods），有賴你們的幫助，我才能克服這麼多難關；感謝好友艾希利與梅根（Ashley Legg and Megan McNicho），總是打通電話就能找到你們；還有我的成長駭客朋友班與艾登（Ben Landis and Aidan Cole），謝謝你們願意傾囊相授。

感謝我的事業夥伴、朋友與伴郎札克（Zach Binder），你真是世上最好的夥伴，總能在適當的時機伸出援手，和激盪出我更好的想法，也要特別感謝Bell ＋ Ivy的團隊，你們既有才華又勤奮，也總是不吝給予支持，沒有你們，這一切就不可能實現。

還有，感謝我的未婚夫與摯友湯瑪斯（Thomas Pancoast），你是我的最佳獻策夥伴、我的好編輯、小波（Poe）的好狗爸，也是我人生中最忠實守護的加油團。

也感謝每一位追蹤我並聆聽我發言的朋友，願在我的平台發展過程中給予支持：因為有你，才成就了這一切。謝謝你們。

註釋

第一章

1. Joris Lammers, Janka I. Stoker, Floor Rink, and Adam D. Galinsky, "To Have Control Over or to Be free From Others? The Desire for Power Reflects a Need for Autonomy," Personality and Social Psychology Bulletin, 42, no. 4 (March 16, 2016): 498–512, https://doi.org/10.1177/0146167216634064.
2. United States Mint, 2014 Annual Report, 2014, https://www.usmint.gov/wordpress/wp-content/uploads/2016/06/2014AnnualReport.pdf.
3. Margalit Fox, "Gary Dahl, Inventor of the Pet Rock, Dies at 78,"New York Times, March 31, 2015, https://www.nytimes.com/2015/04/01/us/gary-dahl-inventor-of-the-pet-rock-dies-at-78.html.
4. Shannon Gupta, "Nordstrom's Leather-Wrapped Rock SoldOut Online," CNN Money, December 8, 2016, http://money.cnn.com/2016/12/07/news/companies/nordstrom-rock-sold-out/index.html.
5. Alice Dubin and Chris Serico, "That Apple You Just Bought Might Be a Year Old—But Does It Matter?" Today, October 13, 2014,https://www.today.com/food/apple-you-just-bought-might-be-year-old-does-it-2D80207170.

第二章

6. Destin Sandlin, "This Experiment Shows Why You Should Put YOUR Oxygen Mask on First," ScienceAlert, August 5, 2016, https://www.sciencealert.com/this-crazy-experiment-shows-why-you-should-put-your-oxygen-mask-on-first.

第三章

7. Eric Schmidt, Jonathan Rosenberg, and Alan Eagle, "How Google Attracts the World's Best Talent," Fortune, September 4, 2014, http://fortune.com/2014/09/04/how-google-attracts-the-worlds-best-talent.

第六章

8. New England Historical Society, The Boston Herald Rumor Clinic of World War II, http://www.newenglandhistoricalsociety.com/the-boston-herald-rumor-clinic-of-world-war-ii.
9. Gordon W. Allport and Leo Postman. The Psychology of Rumor, Henry Holt and Company (New York, NY: 1947).
10. Nicholas DiFonzo and Duncan Watts, "How Do Rumors Get Started?" interview by

Joe Palca, Science, NPR, November 3, 2006, audio and transcript, https://www.npr.org/templates/transcript/transcript.php?storyId⊠6429833.

11. Christopher Paul and Miriam Matthews, "The Russian 'Firehose of Falsehood' Propaganda Model: Why It Might Work and Options to Counter It," RAND Corporation, 2016, https://www.rand.org/pubs/perspectives/PE198.html.

12. Eric Anderson, Erika H. Siegel, Eliza Bliss-Moreau, and Lisa Feldman Barrett, "The Visual Impact of Gossip," Science, 332,no. 6036 (June 17, 2011): 1446–48, https://doi.org/10.1126/science.1201574.

13. Kevin Koo, Zita Ficko, and E. Ann Gormley, "Unprofessional Content on Facebook Accounts of US Urology Residency Graduates," BJU International, April 9, 2017, https://doi.org/10.1111/bju.13846.

14. Maksym Gabielkov, Arthi Ramachandran, Augustin Chaintreau, and Arnaud Legout, "Social Clicks: What and Who Gets Read on Twitter?" Inventeurs du Monde Numérique, June 2016, https://hal.inria.fr/hal-01281190.

第七章

15. Wu Youyou, Michal Kosinski, and David Stillwell, "Computer-Based Personality Judgments Are More Accurate Than Those Made by Humans," *Proceedings of the National Academy of Sciences of the United States of America*, January 12, 2015, https://doi.

org/10.1073/pnas.1418680112.
16. Andrew S. Rosen, "Correlations, Trends and Potential Biases among Publicly Accessible Web-Based Student Evaluations of Teaching: A Large-Scale Study of RateMyProfessors.com Data,"*Assessment & Evaluation in Higher Education*, 43, no. 1 (January 8, 2017): 31–44, https://doi.org/10.1080/02602938.2016.1276155.
17. Jordan Golson, "Tesla Is the Most Valuable US Carmaker Because of Hope, Not Results," *The Verge*, April 10, 2017, https://www.theverge.com/2017/4/4/15180402/tesla-most-valuable-carmaker-market-capitalization-ford-gm.
18. Johana Bhulyan, "Uber Admits That It Has Underpaid Tens of Thousands of Drivers in New York Since Late 2014," *Recode*, May 23, 2017, https://www.recode.net/2017/5/23/15681706/uber-travis-kalanick-underpaid-drivers-new-york-city-refund.
19. Evelyn Cheng, "Tesla's First Junk Bond Offering Is a Hit, But Now Elon Musk Must Deliver: 'No More Room for Excuses,' "*CNBC*, August 11, 2017, https://www.cnbc.com/2017/08/11/tesla-debt-offering-raised-to-1-point-8-billion-300-million-more-than-planned-on-high-demand.html.

第十章

20. Robert Combs, "I Built a Bot to Apply to Thousands of Jobs at Once—Here's What I Learned," Fast Company, March 23, 2017,https://www.fastcompany.com/3069166/

i-built-a-bot-to-apply-to-thousands-f-jobs-at-once-heres-what-i-learned.

21. Meta Brown, Elizabeth Setren, and Giorgio Topa, "Do Informal Referrals Lead to Better Matches? Evidence from a Firm's Employee Referral System," Institute for the Study of Labor (IZA), May 24, 2014, https://papers.ssrn.com/sol3/papers.cfm?abstract_id⊠2441471.

22. Matt Singer, "Welcome to the 2015 Recruiter Nation, Formerly Known as the Social Recruiting Survey," Jobvite, September 22, 2015, https://www.jobvite.com/jobvite-news-and-reports/welcome-to-the-2015-recruiter-nation-formerly-known-as-the-social-recruiting-survey.

國家圖書館出版品預行編目 (CIP) 資料

數位形象力：平台就是你的資本和機會，經營個人品牌不能不知的技術與藝術 / 辛西亞．強森 (Cynthia Johnson) 著；楊璧謙譯．-- 初版．-- 臺北市：遠流，2019.09　面；　公分
譯自：Platform : the art and science of personal branding
ISBN 978-957-32-8625-7(平裝)
1. 品牌行銷
496.14　　108012756

數位形象力

平台就是你的資本和機會，經營個人品牌不能不知的技術與藝術

作　　者：辛西亞・強森
譯　　者：楊璧謙
總 編 輯：盧春旭
執行編輯：黃婉華
行銷企劃：鍾湘晴
封面設計：謝佳穎
內頁排版設計：Alan Chan

發 行 人：王榮文
出版發行：遠流出版事業股份有限公司
地　　址：臺北市南昌路 2 段 81 號 6 樓
客服電話：02-2392-6899
傳　　真：02-2392-6658
郵　　撥：0189456-1
著作權顧問：蕭雄淋律師
ISBN：978-957-32-8625-7
2019 年 9 月 1 日初版一刷
定價：新台幣 380 元（如有缺頁或破損，請寄回更換）

YLib.com 遠流博識網　http://www.ylib.com
Email: ylib@ylib.com